张祥龙 著

「家」与中华文明

中华优秀传统文化大家谈·第二辑

温海明 赵薇 主编

"家"与中华文明

张祥龙 著

山东城市出版传媒集团·济南出版社

图书在版编目(CIP)数据

"家"与中华文明/张祥龙著. —济南:济南出版社,2022.9(2023.11 重印)
(中华优秀传统文化大家谈/温海明,赵薇主编. 第二辑)
ISBN 978-7-5488-4909-4

Ⅰ.①家… Ⅱ.①张… Ⅲ.①家庭道德—研究—中国 Ⅳ.①B823.1

中国版本图书馆 CIP 数据核字(2022)第 038304 号

"家"与中华文明
JIA YU ZHONGHUA WENMING

出 版 人	田俊林
责任编辑	范 晴 王小曼
封面设计	帛书文化

出版发行	济南出版社
地 址	山东省济南市二环南路 1 号(250002)
编辑热线	0531-82890802
发行热线	0531-86922073 67817923
	86131701 86131704
印 刷	济南继东彩艺印刷有限公司
版 次	2022 年 9 月第 1 版
印 次	2023 年 11 月第 2 次印刷
成品尺寸	170mm×240mm 16 开
印 张	12.5
字 数	190 千字
定 价	59.00 元

(济南版图书,如有印装错误,请与出版社联系调换,联系电话:0531-86131736)

出版前言

"文化是一个国家、一个民族的灵魂。文化兴国运兴，文化强民族强。"党的十九大报告强调，中国特色社会主义文化源自中华民族五千多年文明历史所孕育的中华优秀传统文化，要加强对中华优秀传统文化的研究阐释与普及教育。中共中央办公厅、国务院办公厅印发的《关于实施中华优秀传统文化传承发展工程的意见》，明确要求加强中华文化研究阐释工作，深入研究阐释中华文化的历史渊源、发展脉络、基本走向，着力构建有中国底蕴、中国特色的思想体系、学术体系和话语体系。深入研究和阐发中华优秀传统文化，彰显中华文化魅力，坚定文化自信，成为摆在每一个从事文化研究和出版传播者面前的重要课题。

当前，对中华优秀传统文化的研究阐释正形成一股全国热潮，涌现出一大批有影响力的专家学者。他们从不同视角深研中国传统文化，汲取精华，关照现实，展望未来，取得丰硕研究成果。系统地挖掘整理他们的研究成果，集中展示他们的学术观点，有助于推动中华优秀传统文化研究的纵深发展。

为此，我们精心策划了"中华优秀传统文化大家谈"项目，搭建中华优秀传统文化研究平台，集中介绍国内名家学者关于中华优秀传统文化研究的核心思想、观点，较为系统、全面地反映当前中国传统文化研究尤其是儒学研究的整体状况和发展趋势，以期推动学术交流，服务学术创新，同时使广大读者能够了解、感受、领略中华优秀传统文化的深邃内涵和精神魅力。名为"大家谈",意在汇聚名家、大家,选取的作品均为当代中华传统文化研究的名家名作;同时也有"众人谈"之意,意在百家争鸣,繁荣学术研究。

却顾所来径,苍苍横翠微。项目从策划到出版,皆赖专家学者们的学术热情与鼎力支持。对此,我们深为感佩,并衷心感谢!同时也希望更多学界大家加入我们的行列,使更多高水平、高质量的研究成果能够与广大读者见面。

《中华优秀传统文化大家谈》项目组

2019 年 12 月

目录

上篇 孝与儒家

003 / "家"与中华文明

010 / 孝的发生

016 / 家与孝

018 / 家的本质与中国家庭生活的重建

034 / 舜孝的艰难与时间性

047 / 良知与孝悌
　　——王阳明悟道中的亲情经验

060 / 亲亲、爱的秩序与他者
　　——儒家与舍勒的共通与分歧

070 / 孝道的先天价值和人格性
　　——《孝经》与舍勒《价值伦理学》的对勘

088 / 为什么个体的永生在世是不道德的？
　　——从《哈利·波特》到儒家之孝

目录

下篇　比较视野下的儒家文化

105／中西哲学传统形态的比较

112／中国传统哲理与文化的阐释原则之我见

116／中国古代思想能否被概念化？
　　　——与陈嘉映君商讨

123／人文精神的中西之辨与儒家文化

129／从现象学到儒学，儒学转化现象学

165／原时间本身的道性与神圣性
　　　——中国精神的哲理简述

169／中国崛起与中国文化

173／儒生要为民族和人类带来深层希望

176／儒家伦理与人工智能

184／走向思的源头

上篇 —— 孝与儒家

"家"与中华文明

我们今天讨论文明，主要是中西文明，但我一直对前文明也有思考，因为前文明跟我理解的儒家文明关系密切，而儒家文明是中华文明的中坚。本文的要点，一个是前文明，另一个是儒家代表的长文明，以及她应该如何应对当代的挑战。

一、前文明、家庭、人性

按人类学来讲，现代智人有30万年的历史，人科则有二三百万年。但是在这么长的时间内，所谓文明也就五六千年或者略长，肯定是在农业出现以后。所以，它在现代智人的历史中，也就占1/30或1/50的时间。这样看来，我们的人性是在那个漫长时代形成的，这是人类学普遍承认的。文明的创造又跟现代智人的人性相关，有的是顺着人性走，有的是部分顺着、部分逆着人性走。不同的文明有不同的特点，最后造成不同的命运，甚至延伸到现在，不同文明的相互关系也都和这个问题有关。所以，如果我们的视野完全局限于文明，就无法充分理解文明的实质和多样性。就我读到的关于文明的说法，几乎都是歌颂文明，把文明之前看成野蛮时代。这个观点值得商榷。儒家文明在世界文明中是极特殊的一种，它能够把前文明的最重要的特点延伸到文明世界中，加以提升转化。

所谓文明，往往说是有农业、城市、文字、青铜器、国家等。前文明的一个特点就是那时候没有农业，而是采集、渔猎。而最重要一个特点是，在那个漫长的时代中，家庭或者以家为核心而衍生的家族、部落，是一切社会形态几乎唯一的结构，这是人类学或文化人类学研究的结果。我将前文明的这个特点称作全面的家化或家庭化。相比其他的灵长类，人类高在何处？我写过一篇《"父亲"的地位——从儒家和人类学的视野看》①，讨论父亲与人类形成的关系。只有我们人类才有真正的父亲，其他高级灵长类都没有。人类的重要特点就是，男性能在一个群体内相互承认对方的家庭。黑猩猩、大猩猩都没有达到这个程度，它们或者乱交，或者一个雄性霸占一群雌性，其他雄性游离在外。所以我们的合作能力很强，善于委曲求全。前文明还有一个特点——生态化，那个时候人类与自然处得最好。最后，相比文明而言，前文明悠久、稳定。我们现在能从史书上读到的人类文明，有的说几十种，实际上绝大多数是相当脆弱的，遇到灾难，往往一垮就没有了，或者是它有再生，但是遇到危机时往往没有很坚韧的坚守能力。而前文明不是这样，它基本上是连续不断的，虽然有起伏，但自己的生存特性基本保持。

人性的特点是什么？亚里士多德的定义最有名，认为人是一种理性的动物。但我认为关键点在于，人性是一种独特的时间化意识。现代智人的时间意识非常深长，表现为记忆力非常长久、生动，所以反过来，人的策划力也特别强，深谋远虑，这是其他灵长类比不了的。我们看《黑猩猩的政治：猿类社会中的权力与性》那本书，黑猩猩的想象力、阴谋诡计的能力也很强，但跟人类相比还是小巫见大巫。人类为什么会发展出这么深长的时间化意识和相应的处理人际关系的能力？为什么在一个群体里男人跟男人能够发展到相互承认对方的家庭？这一人类现象是很了不起的，所谓"父亲"的登场，这里就有道德意识的出现。原因就是人类直立行走使骨骼结构发生变化，造成女人生孩子困难、孩子必须提前出生——人类婴儿按照哺乳类或高级灵长类的标准都是早产儿，所以人类的婴儿极其脆弱、最难抚养，如果没有深长的时间策划和保持记忆能力，肯定会灭亡。这就是人类的时间之源，他/她的时间化能力恰恰就是来自孩子，孩子的那种最不成熟的状态导致亲子关系必须很紧密，而且父亲必须参与抚养，光是母亲不够。

我们的人性基本上是在前文明时代形成的，这是人类学家一再确认的。有的人类学家甚至觉得很惋惜，像社会生物学的创始人威尔逊就认为，这

---
① 载于《同济大学学报》2017年第1期。

种在石器时代形成的人性已经过时了，面对文明出现后的特别是现代的技术和生存格局，应该对这种人性做基因层次上的改造，等等。但从价值上讲，前文明是不是一定是劣等文明，比文明低级？有一本书叫《第三种黑猩猩》，作者戴蒙德教授反驳了这个观点。他问道：农业出现以后，人类的状况是更好了还是更差了？他的答案是更差了。无论是食物、体质、生活质量、人际关系等各方面都在退化，人吃得更差更单一，营养不丰富，休闲时间更少，尤其是暴力更多。当然文明有很多好处，但有些根本性的前提、我们认为肯定无疑的东西是可以被挑战的，关于文明和前文明之间优劣的对比可以是一个开放的问题。说不定文明与前文明各有千秋，说不上谁更好，关键是你要取它的哪一点。

二、 家庭、时间意识与中华文明之"长"

文明之间哪个更优、哪个更劣，讲不清楚，没有公度性。所以我们来讲文明的长短，这是有客观依据的。有的文明比较短，一旦崩溃就消失了，比如说古埃及文明、克里特文明、印度河文明、赫梯文明、玛雅文明等。还有一种可以叫作中文明，崩溃以后好像基本上就没有了，但是它的文明的形式过多少年后又会被不是本民族的另一拨人接续，掀起一场文艺复兴，能够以转换的方式再现。比如希腊罗马文明，后来真正将其发扬光大的根本就不是那些民族的人了，都是欧洲的北方来的，使用的第一语言也不同。还有古印度文明也大致是这样，梵文在实际生活的主流中消失了，异族的人群、语言和信仰侵入，站住了脚，造成了混杂相处的局面。最后一种就是所谓的长文明，它能够比较实质性地长久延续。这个文明的载体就是这个主导民族，文字的血脉不变，主导信仰延续，乡土家园不失。中华文明是最典型的。她的文字是世界四大原生文字之一，居然在保持基本结构的前提下延续到现在，三千年前的诗歌现在读起来还押韵，简直就是奇迹。这就是因为它有一种应对危机的潜伏和再生的能力。

在这些文明中，较受关注的是西方文明和中华文明的关系。西方文明以希腊罗马和基督教为根，占据欧亚大陆的西头，我们中华文明占据了欧亚大陆的东头。这两种文明，从特点上看也相距特别遥远。如果我们不考虑美洲的玛雅文明等，即便考虑，我们也可以说，中西文明是人类历史上出现过的所有文明中相距最遥远的，这不光是从地理上讲，也是从性质上讲。而印度文明，地理位置上是在中间，而它的很多特点也在中间。我做了多年中西哲学比较，从哲学上就能看到这种关系。

具体讲来，就涉及儒家文明的特点。家庭是前文明的灵魂，我们人类的人性也是通过家庭孕育出来的，儒家是典型地结合了前文明和文明的一种独特文化，她的一个重要特点就是以家庭为根基，传统的文教、名教的根基就在家庭、亲情，即所谓"亲亲而仁民，仁民而爱物"（孟子语）。其思想的基本单位不是个人，也不是当下的权力，而是绵延不绝的祖先和后代。家是一种生存时间的发生结构，理解中华文明的关键就在于明了她的时间意识，她的时间视野极长，善于权衡与合作。这样使得儒家的文明更符合人性，因而在历史上特别坚韧，比别的文明长。但不少新儒家避讳讲这个，有的新儒家如熊十力甚至反对家庭，这是特别不可思议的。儒家或者中华文明的根只能这么讲，才讲得正，而且符合历史情况。

以家庭为根基就说明她不是普遍主义的文化。普遍主义是一种现在很流行的思维方式，就是认为真理在某个问题上只有一个，谁抓到了这个真理，就有权甚至应该向全世界推广；在真理问题上，只有是或不是，存在或非存在，没有中间的状态。这是一种符合西方二值化逻辑的思维。但是儒家的文明不是这样，它基于家庭而非个体、教会或其他的体制化共同体，所以对于文明间的状态感受更强烈，而不只是我这个文明或者他那个文明。如果只看到两方面，那么它们往往都是敌对性的，A 或者非 A，你赢我就输；但是"文明间"就既不是 A 又不是非 A，而是那个居中的状态。这样的文明间状态，是以一神教为基础的文明和现代以来完全以形式理性为基础的文明都达不到的，因为后者的哲理和基本思维方法的时间视野太短太浅，只看得到对象化、观念化的东西，看不到非对象化的居间状态或源发状态。儒家文明的时间意识深长，能够更加游刃有余地处理问题，能够经常找到居间的那种感觉和应对方法。

长文明之所以能够长，很重要的原因是它符合现代智人的人性。这种人性有一种很深长的时间意识，因此看得长远，善于权衡利害，更倾向于合作而非冲突。无论是感受行为的后果，还是预期未来，都更深远，不会完全局限于简单的 A 或非 A 的二值判断，而是总能或至少总希望找到某些跟时间相关的居中的状态。所以，这种文明在处理相互之间的关系时，就趋向于妥协、合作而非搞所谓的"文明冲突",这种处理方式在危机时刻体现得尤为明显。文明的长短,最关键的决定因素就是应对危机的能力。各文明在好的时候看似都不错,关键是在遇到重大的外部挑战、内部挑战这种要害时刻,是否有某种办法能够助其渡过难关,或者是以某种方式死而复生。在这一点上,长文明中最长的就是以儒家为主的中华文明,其应对危机的能力是特别优异的。

有一个表现就是,当中华文明遇到重大灾难时,能够凭借着家族、家庭来保藏文明的火种。家族和家庭首先是一个时间的存在者,代际时间的构造者。而在中国历史上和其他文明所经历的一样,出现过多次很可能使文明断绝的危机,比如南北朝、五代、元代等(当时的)异族入侵导致的危机,但是凭借家族传承的华夏文化,使得儒家文明没有被打散和消灭。比如钱穆先生在《国史大纲》中指出,在南北朝时期,门第非常重要。我们现在认为门第不太好,可是他说"门第之在当时,无论南北,不啻如乱流中岛屿散列,黑夜中灯炬闪耀。北方之同化胡族,南方之宏扩斯文,斯皆当时门第之功"。这曾给我留下非常深刻的印象。尤其是北方,都是异族打进来,他们经常信奉佛教或者其他宗教,要是按西方或者我们看到的大部分文明的命运,儒家文明肯定要被消灭,但是大家族或门第传统在艰难中传承了儒家文明,影响了入侵者,最后让他们也逐渐改信。这是一个很鲜明的例子。

还有一个特点,从权力的现象学来看,在这样一种深长的时间视野中,中华民族为政治权力的传承找到了某种方法,解决了权力传承的悖论问题。所谓权力传承悖论,是指在现代民主制、选举制之前,那时候国王、皇帝或君主要将他手中的政治权力平稳地传递下去,会遇到极大的困难。比如他掌权时,先立一个太子或后继者,这时候权力就有一个重叠,所谓后继者以边缘的方式也掌握了一部分权力。但怎么处理这两个权力的关系?按照二值化思维,权力本身是排他的,两个权力同时存在,怎么处理二者的关系是非常困难的。秦始皇的思路完全是反儒家的,他是法家思维,连太子都不立,所以他死以后秦朝二世而亡。他想将皇位传给扶苏,但传不过去,被另外一个儿子胡亥夺走了,这个权力就完全变质。这对文明的长短的影响也很重要,因为如果政权经常不稳定,文明也不会很长远。但中国基本上比较好地解决了这个问题。先秦是一种模式,表面上依靠分封制,但同时又有内在的文化上的一统和精神号召力。先秦以后逐渐找到一种方式，就是通过家庭内部和外部的儒家所谓教化，使得君主的权力和太子的权力能够同时交叠存在，君主死后太子接位是比较平稳的，有合法性的。在前选举时代的漫长时间内，中华民族在政治权力的传承方面做得最好，而这和儒家关系密切。

三、"家"的普世意义与中华文明之未来

清末以来，特别是新文化运动以后，儒家反而处于特别不利的处境中，因为它太古老、太成功，不能适应现代西方到来以后的挑战。儒家未来在处理与西方文明的关系问题上，一是要调整自己。例如可以吸收西方选举制中权力制衡的结构，但是不吸收它以个人为唯一单位的选举制。我设想过以家庭为基础的选举制，就是说社会中选举，以个人投票也可以，但是票值低；如果以家庭为单位投票，要加权。这样家庭的影响增大，整个时间视野就会拉长，考虑问题的思维方式会更长久沉稳，就不会像美国现在，选民的视野非常短，乱象纷呈。二是保持自己的文明特点。和前文明的有机联系，以家为核心的特点，要得到继承和升华。

我们要有一种整体反思，不只是反思西方文明和中西关系，而是对人类文明的走向具有自己独到的眼光。因为我们身上确实还流着前文明的思想血脉，我们的反思、反省能力要比那些文明崇拜、特别是西方文明崇拜的思想眼光要更深远。儒家绝不是反文明，只不过它把文明柔化了，"儒"字就是"柔"。所以当代和未来的儒家文明对人类正在推行的价值、信仰，能够从一种更原初的包含了前文明的视野来加以审视，从而找到一条走向未来的独特道路。

未来有没有一个主导性的文明，中华文明能否成为世界范围内主导性文明？就像美国代表的文明，有些东西在现在这个情境下还能吸引人。它的大片一出来，年轻人趋之若鹜；美国职业篮球联赛（NBA）一比赛，全世界的篮球爱好者就跟着看。儒家文明要成为主导文明，现在说还过于遥远，能够维持乃至增强她的生命力就很不错了。要做到这一点，或让我们看到其可能性，首先就要跟那些目前强势的文明有所不同，有独特的东西，还得吸引人。如果中国强了，而学的东西从根上讲都是西方的东西，没有自己的独特性，是不可能成为主导性文明的。中国有什么是可以吸引人的，甚至超过西方现在宣传的价值观？我

写过一篇述评《在中西间性里反对个体主义——从罗斯文的书谈起》①，讨论美国学者罗斯文写的名为《反对个人主义》的著作。当然他的批评不一定足够深入，但确实是一个很好的兆头，而且这位学者也有一点儒家情怀，他认为要从儒家这方面找一个西方个体主义的替代者。

真正比个体主义或者个体化人道主义更吸引人、更感人，而且在某种意义上更正义、更合理、更适合人类的生存追求，让人一听就知道是更好的人生、更好的人性体现，我要说的就是家的价值，人道或仁道源自家庭。我跟西方人讲家庭问题的时候，个体主义者很少有能跟我正面争论的，他们抵挡不住。耶稣是反家庭的，他说我是来反对你的亲情的，不反对亲情的人不配做我的门徒。西方发源的现代个体主义，导致家庭破裂，伤害无数的儿童，那种伤害是终身性的。还有很多很多政治、经济、文化和生态上的表现。就此而言，个体主义其实是相当残忍的，伤害很多无辜幼小的孩子和年迈衰弱的老人。它的文明就是要断裂，家和国家就是要断开，年轻人与老年人要断开；儒家文化也是文明，但恰恰是不断开的。可西方也是我们这种人，只要是我们这种人，人性跟家就是连在一起的，不管黑种人、白种人、黄种人都是以家庭为根。不孝顺父母是不公正的，历史上自康德以来都有争论，西方的主流是主张子女不赡养年老父母是没有道德问题的，但是这个从道理上是不成立的，而且很不人道，这是西方无法逃避的阿喀琉斯之踵。我还分析过《哈利·波特》为什么能成功，因为它的整个思路是以家庭为根基的，主线是这个小男孩继承父母遗志，为被谋害的父母报仇，除掉那要毁灭家庭和社会的邪魔，这完全符合儒家孝道。儒家文化有她真正感动人心的东西。

我们如果只是靠一些体制上的设计或者经济上的成功而一时崛起了，一旦经济衰退就会跌落。而从道德伦理上感动人心，把意思讲透，把复兴家庭的事业做成，声音就会比较大地传出去，就不可阻挡。儒家讲得人心者得天下、得道者得天下，绝非虚言，当然前提是真正找到了、实践了那感动人心的天道。

（原载于《中央社会主义学院学报》2018 年第 6 期）

---

① 载于《道德与文明》2018 年第 4 期。

孝的发生

孝，如这个汉字所显示的，意味着子代对于老去的亲代的照顾和尊重。这一人类现象迄今还没有成为一个重大的人类学问题，也没有成为一个重大的哲学问题。这种状况应该改变，因为它是人类的内时间意识的集中展现，从中可以窥见人性的最独特之处。不理解孝，人类学就还在颇大程度上徒有虚名，哲学家们，特别是儒家哲学家们所讨论的人性和人的生存结构就是无根之木。

一

原来被认为是人类独具的能力，如使用工具、自身意识、运用语言符号、政治权术等，现在都在动物，特别是我们的"表兄弟"猩猩类中被发现了，起码它们具备这些能力的初级形态。但是，孝这个现象，就像两足直立行走，只是特立于人类之中，从而成为标识人类的基本现象。

古多尔等人多年观察的黑猩猩的典范母亲弗洛（又译为"芙洛"），曾身为群体中雌黑猩猩的老大，养育了数个子女，当她变老后，那些后来很成功的子女——法宾、费冈、菲菲——并没有来照顾她。最后她死于一条河边，无"猩"理睬。

黑猩猩没有绝经期，这是与人类的又一个区别，所以弗洛至死还在尽母亲之责。弗洛死后三周，她最后还在抚养的未成年儿子弗林特也死了。弗洛的子女们就生活在同一个群体中，他们也曾很依恋弗洛，帮她对付其他的黑猩猩，女儿菲菲也曾对弟弟很有兴趣，弗洛死后菲菲也曾试图帮助弟弟弗林特，可见黑猩猩中是有某种亲属认同的，但他们都没有实质性地帮助过年老的母亲。为什么会是这样？在弗洛最需要成年子女照顾的时候，他们不在那里。这并不说明她的子女们不好，而是因为他们还根本不知道这是好的、应该的。黑猩猩的意识还达不到"子女应该照顾年老母亲"的程度，因为他们的内时间感受能力没有那么深长。

但在人那里却出现了明确的孝行，而且进化论学者们也可以为这孝行找到增强进化适应力的根据，比如老年人的知识和经验对于群体的生存有帮助，特别是在出现异常状况时，比如旱灾时记得哪里有水，饥荒时知道哪种植物可以食用，瘟疫时知道哪种草药可用以治疗。但是，这个转变是如何发生的，老年人如何从无用变为有用，特别是，人猿之共祖如何知道这种有用，却是这种解释无法说明的。情况似乎倒是，造成孝行与造成这种"有用"实际上是一个过程。没有深长的时间意识，老年人就不会比中年人更有知识和经验的优势（在今天这个技术横行的时代里，老年人又变得"无用"了）。

关键在于，在人这里，不管是能人、直立人、古智人（含尼安德塔人），还是现代智人，在某一时代、某一阶段出现了足够深长的时间意识，致使他或她能够记得或想到：母亲和父亲对自己曾有大恩，应该在他们年老时回报。如果不这样做，就会在某个时刻感到不安和愧疚。能够有这种孝意识的人，一定是能进行跨物理空间和物理时间而想象和思考的人，能积累知识和经验，能够在各个层次上合作，也就是到老也能够被后代认为是有用的人。

二

那么，什么使如此深长的时间意识出现呢？答案很可能是，人类新生婴儿的极度不成熟以及亲子联体。

相比于其他高等灵长类，这种不成熟不只是量的变化，而是由直立行走引发的身体特征变化（如人族女性产道的变狭和人族头颅的变大）所导致的生存结构的变化——婴儿的提前出生和抚养期的拉长及艰难；它深刻改变了人类婴儿与母亲、父亲或任何抱养人的关系，乃至父亲与母亲的关系，也改变了人类本身的亲属及社会关系结构。人们总习惯将男女或夫妇比作最明显的人类阴阳关系，相对、互补而又出新；但就人类的形成史和实际生存样式而言，由两足行走导致的新型亲子关系，才是产生一切新形态的阴阳发生的源结构。人类婴儿的不成熟达到了什么程度呢？看一位人类学家 M. F. Small 所写：

> 人类婴儿出生时，它从神经学上讲是未完成的，因而无法协调肌肉的运动。……在某个意义上，人类婴孩的非孤立性达到了这种程度，以致它从生理和情感上讲只是"婴儿—抚养者"这个互绕联体（entwined dyad of infant and caregiver）的一部分。

这讲得不错。人类婴儿与抚养者（在迄今为止的人类史上，这抚养者在绝大多数情况下是婴儿的亲生父母）不是两个个体之间的亲密关系，而是首先构成了一个互绕联体。人类婴儿必须提前出生，他与母亲之间的肉体脐带虽然断了，但梅洛-庞蒂身体现象学意义上的身体脐带还活生生地联系着母子乃至父子。所以亲子关系，被称为阴阳关系更为贴切。正是因为它，使人类家庭产生。人类的夫妇关系，如前所说，也在很大程度上源自这种关系。从现实的生成顺序看，有夫妇才有亲子；但从人类学或人类形成史的发生结构上看，有亲子才有夫妇。

婴儿出生的不成熟如何导致了内时间意识的深长化呢？婴儿出生的极度不成熟，意味着他的生命极度微弱，随时可能而且比较容易死亡。因此，养活这样的生命就要求母亲乃至父亲的完全投入，深刻改变他们的生活方式。从带孩子开始，亲代就失去了"自己的"生活，而进到一个互绕联体的生活之中。婴儿的不独立就等于亲代的不独立。这从母子夜间睡觉的方式可以略加窥见。

另外，由于婴儿出生时脑部是远未发育完成的，所以出生之后的一段时间内，头颅和脑要像个气球一样快速扩张，最后头骨才能合拢。可以想见，在这段意识身体（主要表现为头）的塑成期或"正在进行时"中，婴儿与母亲或抚养人的互动具有深层构造的、终身的影响。在某种意义上，婴儿与养育他的父母的内在关联，"长进了"他的生命之中，而不只是一般的记忆关联。心理学家将记忆分为短期记忆和长期记忆。人类婴儿与父母的关系，其核心肯定属于长期记忆，而且应该是一种不会被遗忘的本能记忆或现象学意义上的身体记忆。我们学了外语，即便建立了长期记忆，但由于长期不使用，或由于年老，也会淡化或在相当程度上遗忘。但我们一旦学会了第一语言，或学会了游泳、骑车，其核心部分就不会被遗忘，即便长期不用它。人与养育己身的父母的关系，甚至早于第一语言的学习，所以起码属于后一种长期记忆，即质的长期记忆。人随着岁数的增长，甚至到年老时，这种记忆可能变得更强烈，即便父母在他或她年轻时就故去了。

除了亲子之间的深度关联，这种关联持续的时间之长，在动物中也是罕见的。现在的人类后代，平均14—15岁性成熟，生活自立更晚，而我们可以推想，人类形成史上的婴儿成熟期从生理上来说还要迟，因为科学家对黑猩猩和大猩猩的研究都表明，野生自然生活的要比圈养的成熟期迟得多。野生的雌黑猩猩生第一胎的平均年龄是14.5岁，而圈养的是11.1岁；野生的大猩猩生第一胎的平均年龄是8.9岁，而圈养的是6.8岁。现代人，特别是经过工业革命后的人类生活方式，相当于被圈养。灵长类养育后代要比其他动物包括其他哺乳类艰难，黑猩猩养育后代也比大猩猩更困难，比如黑猩猩母亲携抱婴儿达5年之久，而大猩猩婴儿发展自身的运动能力比黑猩猩婴儿快得多，6个月的大猩猩幼仔就能骑到母亲背上而不掉下来，两岁就基本上不用母亲抱了。而我们知道，从生理到智力黑猩猩都比大猩猩更接近我们。情况似乎是，养孩子越是艰难、越是时间长久的，就越是被这种"长期投资"逼得要发展出内时间意识。

这两个情况加在一起，使得人类必须有长远的时间视野，能做出各种事先的预测、计划和事后的反省、回忆，不然就难以养活子女，传承种族。

相比于威尔逊津津乐道的所谓人类的好战性、一夫多妻制、鲜肉的极端重要性等，人类婴儿出生的极度不成熟才是一个真正持久和影响深远的事实，它在狩猎—采集的人类社会中发挥了更大的作用。因为它，在那样一个不断迁移的社团中，父母亲必须有更长远的时间意识，知道如何养活、保护自己和婴儿。比如，由于养育幼小子女的母亲的劳动能力和移动能力都很受限制，可以想见，她必须获得人际的合作才能维持自己和子女的连体生存。首先就是以上讲到的，女人择偶一定会极其看重男人的护家素质，除了他的保护能力之外，还有为人的可靠（忠实、热诚、慷慨等），而这些都含有内时间因素。而且，这男子不可太软弱，又不可一味地好斗，那样最终会葬送家庭，因为在这种"拉家带口"的情势下，几乎没有谁是战无不胜的。所以男子必须有权衡、合作、妥协和把握时机的能力。哪里最可能找到食物，哪里最可能有朋友而不是敌人，哪里是危难时可以藏身或避难的地方，哪种生存策略最能经受不测未来的颠簸……这是所有父母永远要操心牵挂的。再者，一位母亲与家庭、家族乃至邻里中的女性的合作也相当重要，婆婆、嫂子、小姑、女友等，都是能够为她临时带儿女的分身存在者，她都要尽量与之协调。二三十年的育儿期，哪种意识能应对，它才会在几十代、几百代、几千代的考验后，留存在人性之中。因为这个或这些"小冤家"，人类才不得不是一种时间化的存在者。

三

孝的出现而非保持，并不能由不少人类学家给出的"老人保存和传递有用知识"这样的理由来解释，因为孝的出现与能够保存有用知识是一个过程，使得孝出现的时间意识也会使得保存知识成为可能。所以，能够对孝做实用主义的考虑已经预设了孝。对于人之外的其他动物，包括我们的"表兄弟"黑猩猩，孝是无用的，徒然浪费可用来维持己身和抚养后代的精力与能量，于该种群的生存不利。

这拐点很可能出现于人类子女去养育自己的子女之时。这个与他/她被养育同构的去养育经验，这个被重复又被更新的情境，在延长了的人类内时间意识中，忽然唤起、兴发出了一种本能回忆，过去父母的养育与当下为人父母的去养育，交织了起来，感通了起来。

当下对子女的本能深爱，与以前父母对自己的本能深爱，在本能记忆中沟通了，反转出现了，苍老无助的父母让他/她不安了，甚至恐惧了。于是，孝心出现了。他/她不顾当时生存的理性考虑，不加因果解释说明地干起了赡养无用老者的事情，他/她的子女与他/她的父母的生存地位开始沟通，尽管说不上等同。起头处，他/她不会知道年老父母的"用处"，或偶尔知道了也影响不了日常的行为模式。老人越来越衰老，走向死亡；也没有灾荒来显示老人的智慧，因为在有孝之前，人活不到多老，也积累不了多少能超出中年人的智慧。但凭着内时间意识中过去与当下的交织，越来越多的"过去"被保持在潜时间域中，只要有恰巧应时的激发，那跨代际的记忆反转就可能涌现。此为人的意识本能的时间实现，与功利后果的考虑无关。"养儿方知父母恩"，说的就是构成孝意识的时机触机。

孝心的出现，表明人的时间意识已经达到相当的深度与长度，能够做宏大尺度的内翻转。而且，由于孝迫使当前子女身荷未来（自己子女）和过去（自己父母）的双养重负，导致更大的生存压力，人类变得更柔弱、更不易成熟和死亡，于是其内时间意识就被逼得还要更加延长和深化，新的工具和生态位就更是生存的渴望和创造了。

基于这种推想，4万年前在现代智人身上发生的"大跃进"，或许是人类实现孝的最晚时刻。从此以后，许许多多新的发明创造——精巧的新工具如骨器、复合工具、鱼钩、网、弓箭，以及高明的艺术如洞穴壁画、雕塑、仪式，乃至我们所说的这种语言，等等——以及它们体现的身心特征就奠定了现代人类的生存基底。"孝弟也者，其为仁之本与！"（《论语·学而》）这成仁也就是成人，因为"仁者人也，亲亲为大"（《礼记·中庸》）。

（原载于《光明日报》2010年11月8日）

家与孝

西方哲学史是一部没有家的历史，而追随西方哲学的现代中国哲学也就罕见家的踪影。西方哲学追究过本原、数、存在、理式、普遍/个体、形式/质料、知识/德性，到近现代，又关注主体/客体、感知/理智、逻辑/经验、心灵/物质、分析/综合、意义/对象、语言/实在、意向性、时间性、身体性等，这些都与人对世界的感受、思考和生存体验有关，但却恰恰漏掉了与人最直接相关的那部分，也就是以"家"这个字为代表的那些最为亲密经验的哲理。

人首先是从父母的结合而得生命，在子宫中已有混蒙经验，从出生开始感受到外部世界，在父母和祖父母怀抱中学会直立行走和语言，在家人关爱和兄弟姐妹关系中生发出更成熟的情感、尺度感、关系感、道德感，学会各种技能。到他/她能离开父母时，性相已经成熟，意识已经敏锐，世界已经越来越丰富，哲学思考也触手可及了。他/她投入人间和世界，还是要建立家庭，自己育儿同时还报父母，最后在儿孙照顾下安度晚年。人此时环视一生，自觉上不负祖先，下不愧后代，于是生出死而无憾的终极意识，而无家之人要靠宗教才能勉强得到这种宁静。人类几乎所有最真挚、最强烈的感情和体验，都与家庭、亲人相关。一张三岁小男孩（艾兰）溺亡的照片之所以可以改变千万难民的命运，因为它以最可爱又悲惨的方式拨动了人们的父母良知、亲亲良能。

但西方哲学在两千多年里忽视这人生第一经验，而只去咀嚼从它的活体上切割下来的局部，美其名曰"逻辑在先"，比如人如何纯中性地感知外部现象，又如何使这些感知成为智性对象，人在自我意识中如何找到绝对的确定性，甚至（在最近几十年认知科学的哲学管家那里）为何所有意识功能都可还原为大脑的神经元联系；或将超个体的家族延续经验加以硬化，提出永恒的本原问题、实体问题。一直要到相当晚近的现象学思潮中，才出现了像海德格尔、列维纳斯这样开始关注到家问题的哲学家。他们开始意识到，家有一个整全活体的自身问题性、话语族和运思结构，不能只被当作一种社会对象，必须在"解释学生存论"或"他者"的视野中去直面看待，这才是朝向事情本身的纯直观经验，从中才能发现肢解之前的活泼的生活与世界的被给予方式。现象学还原首先要悬置掉的不是对存在者的执着，而是对存在经验的概念切分和贫乏化。实际上，人类最亲密的整全经验就是先天经验，或先后天还未被割裂的时中经验。

《家与孝：从中西间视野看》将接取西方哲学的现象学转向带来的哲理新意，特别是它那种从事哲学思考的活体化分析方法，或者说是西式望闻号脉、经络取穴的思想方法，但又不会限于它，因为这方法本身也并没有让即便海德格尔这样的深邃思想者最终进入有真实血脉的家庭和亲人，更不用说孝道了。中国古代的哲理是另一个永不枯竭的源头，它以阴阳互补对成而生生的方式来深思活的人生与世界，在《周易》的卦象变通时—间中直接进入对于天父地母和乾坤生六子的家化思索。儒家将这种思路发挥到天性直观化、孝悌伦理化又艺术时机化的哲理境界，成为中华文明的主流。作者长期以来身处这两者之间，承受相摩相荡的"他者"间张力，希望能用文字道出其中"感而遂通"的缘分于万一。

中国当代的研究作品中，有吾友笑思先生的《家哲学——西方人的盲点》于前些年问世，揭蔽开新，打破了家无哲学的局面，意义深远。我从与笑思的多年交流中受益良多，颇有些共识之处，比如都认为家乃人类生存、德性之源，西方模式有重大缺陷，但我们的研究方式、学术背景和关注要点也有不同，这当然是再正常不过的个体差异了。我受到西方影响的哲理方法主要是现象学，与维特根斯坦的分析哲学和库恩的科学哲学有思想感应，对于当代人类学、心理学，甚至认知科学等也有兴趣，且对于孝道哲理有强烈关注。在我看来，对孝现象和孝意识的切当领会或许是理解家和人类独特性的一个关键，也是认识儒家及其未来的一个要害。

〔本文系《家与孝：从中西间视野看》（生活·读书·新知三联书店2017年版）一书的"序"，有删改〕

家的本质与中国家庭生活的重建

随着个体主义思潮的传入和工业化、城市化的发展，中国的"家庭"近百年来遭遇了一系列的批判、改造，进而萎缩、破败，似乎它难以再提供国人生存所需要的情感价值和道德价值。然而，家庭真的会走入历史吗？从哲学、人类学及中西比较的视角来看，家不仅不会消亡，而且会作为人类本性的表达、道德的源头一直伴随现代智人的存在。面对当前家庭破败之势，个人固然需要加强"修身"以"齐家"，国家亦应采取诸多措施，比如打造"儒家特区"，恢复以家庭为根基的儒式社团生活，并借助经济、教育、法律等手段将这种生活方式推向主流社会，逐步恢复"家"与"孝"在主流社会的影响。本文以作者与张恒（文章发表时为山东大学儒学高等研究院在读博士生）对谈的形式，对上述问题进行了深入探讨。

一、家是人类本性的表达

问：前不久，国家级行业组织"中国网络视听节目服务协会"审议通过的《网络视听节目内容审核通则》把"同性恋"列为"非正常性关系"，引发了广泛讨论。您的新著《家与孝：从中西间视野看》（生活·读书·新知三联书店2017年版，以下称《家与孝》）也特别提到同性婚姻问题。作为越来越显化的社会现实或观念，"同性恋"与"独身主义""丁克""单亲"等无疑构成了对中国传统家庭形式、家庭观念的挑战，这是否意味着家庭并非人人之所必需，而只是历史的产物？

答：这涉及中国近代以来一个特别重要的哲学和社会科学的前提，那就是家庭到底在人类历史上处于一个什么样的地位。是不是真像摩尔根所讲的那样，人类起初并没有家庭？或者像其他理论所讲的，人类到最后、最高级的阶段，就不需要家庭了？我这本书（指《家与孝》）有一章是涉这个问题的，就是从人类学角度谈孝的问题，那就一定要涉及家庭的历史地位问题。另外，最近还有一本书值得关注，即吴飞教授的《人伦的"解体"：形质论传统中的家国焦虑》（生活·读书·新知三联书店 2017 年版）。我们的研究都涉及 20 世纪国际人类学界研究的新进展。

摩尔根是一位很伟大的人类学家，但他关于人类早期没有家庭的推论是错误的。人类学界——以西方人类学界为主——已通过大量的田野调查及其他各方面的研究，否定了摩尔根的这个论断。事实上，摩尔根当初并未看到人类没有家庭的情况，他只是看到了不同于当时西方一夫一妻制的一些其他的家庭形态，然后他根据其中的某些称谓——比如同一代人互称兄弟姐妹，把上一代人都称为父母，等等——得出了一个推论。他的逻辑是这样的：称谓变化得慢，而家庭亲属制度变化得快，同一代人互称兄弟姐妹及称呼上一代人为父母反映了古老社会"没有家庭""共夫共妻"的情况。他的这个推论显然是不能成立的。

摩尔根还列举了中国"九族制"的例子为他的结论辩护。其实，中国人都清楚，称呼对方为大妈、大爷，不见得就跟对方有亲属关系，这是一种泛称，并不能代表具体的亲属制。这些称谓实际上是家庭关系称谓向社会的扩展，使社会关系显得亲切。所以说，摩尔根的观点是站不住脚的。

人类的家庭的确多种多样，家庭制度也是多种多样的。但是，现在人类学界的主流认为人类从一开始就有家庭，否则就不能叫作人类。

问：那该怎么看待"同性恋""独身主义""丁克""单亲"等社会现实或观念对家庭的挑战？

答：现在的确出现了各种各样的在以前看来是稀奇古怪的家庭方式，而且很多是自愿的。这也不难理解，近代以来，尤其是西方现代性发展以来，现代性中一个很重要的概念——个体主义也发展起来。我们有时也把它翻译成"个人主义"，它是自由主义的一个哲理基础，认为人生的价值主要体现在个体潜能的开发和实现上，这可以说是西方近代以来影响最大的一个思潮。

现代性突出个人价值，再加上工业的发展和经济全球化使得经济谋生手段个体化。以前几十万年的人类史上，人类谋生的基本单位都是家庭，无论是打猎、采集阶段，还是后来的农业社会阶段，直至小作坊、手工业生产阶段，基本上都是以家庭为基本单位，最多组成行会，这也就导致家庭不可避免地衰败。导致家庭衰败最主要的两个方面，一个是哲学思想、价值观，一个是所谓的经济结构。

但是，家庭衰败不见得就一定意味着家庭的灭亡，因为在人类历史上，很多文化现象起起伏伏，一会儿这种思潮，一会儿那种思潮，倒也非常常见。目前，个体主义、全球化、工作的流动性，这些状况致使孤独的年轻人产生了一些新奇的想法。

所以，我不认为家庭衰败的现象表明人类的家庭注定要走向灭亡。现在的确有不少学者在讲家庭灭亡论，但我的基本观点是不单是家庭，也包括孝道，它们是人类本性的表达，没有家就不会有我们这种人类。我们这种人——现代智人已经有30万年的历史，这30万年中的绝大部分时间，我们的生活——包括经济生活、政治生活、文化生活——都是以家庭为单位、为本体的，只是到了1万年至8 000年以前，农业及随后的文明出现以后，才有了一些改变，但仍然以家为基本单位。真正的家庭衰败是从近代开始的，笼统地说也就二三百年的时间，尚不足以改变人性。所以，只要我们还是现代智人，还是以现代智人的方式生存，那么，家庭再衰败，也不至于灭亡。人类获得道德、教育的摇篮，还是家庭。人类最强烈的情感，人类觉得最幸福、最痛苦的事情，还是与家庭有关，所谓最幸福的事情就是家庭圆满，最痛苦的事情就是失去亲人和家族灭亡。《人类简史》的作者尤瓦尔·赫拉利多半会说这些幸福、痛苦都是人自己编造的故事所产生的精神效应，但我要说，这种家庭的故事与他所谈的关于农业产生、文明产生的故事不同，因为它是人类躲不开的故事，是虚构与真实还没有分开的本源故事。

我倒觉得有一个前景非常可怕，不少人——包括科学家、哲学家——鼓吹，我们这种人的人性是在石器时代形成的，已经远远落后于技术所造就的新环境了，所以，他们主张对人类做某种基因层次或根本层次的改造，改造成"后人类"，实际上也就是尼采意义上的"超人"。如果到了那种地步，人类生孩子都不用父母亲自养育了，甚至不用父母生，可以像有些科幻作品中所讲的那样，通过实验室和人类再生产工厂培养出来，而且能够把我们这种人类基因中"不好"的东西筛除，将人类升级，甚至是人机联体。我承认，如果到了那种地步，家庭基本上就不需要存在了，如果家庭还存在的话，也只是一种点缀了。但与此同时，那也意味着我们这种人类已经灭亡了，或者成为落后物种了，那时"后人类"或"超人"看我们这种人类，就像我们现在看黑猩猩一样。这也是一种前途，但这是我特别不愿意看到的前途。

问：到那时，家庭就和我们这种人类一起进入历史了。

答：对。只有把这种人类消灭，把他们基本的生存方式消灭，才能消灭家庭。否则，没办法，我们这种人类不到家庭里面，就得不到最根本的人生价值的最核心的部分。

二、"家之本在身"："身"是"家身"

问：您刚才提到，现代性的核心概念是个体性，《孟子》也说"天下之本在国，国之本在家，家之本在身"，这是否意味着，"个体"或"身"比家庭更具有本源意味和终极性？

答：《孟子》讲"国之本在家，家之本在身"，《大学》讲"修身、齐家、治国、平天下"，但《中庸》也讲"思修身，不可以不事亲"。问题的关键是，"身"对于传统国人来说究竟是什么意义。比如《孝经》有一句话，"身体发肤，受之父母，不敢毁伤，孝之始也"。也就是说，你这个"身"虽然有你个人的成分在里面，但不只属于你个人，你的"身"是父母给的，父母的"身"是祖先给的，你的子孙后代又通过你的"身"来出现，所以你的"身"不仅是一个个体概念，在时间上，它涉及你的祖先和你未来的子孙，它是中间的一环，是牵拉着过去、将来的当场生成着的"环中"①。

所以，"身体发肤，受之父母，不敢毁伤"并不仅指谨小慎微，而是要告诉你，你的"身"来自父母，你又要给予子孙，所以你的"身"是一个"家身"，或者叫"亲亲之身""家庭之身"。这是一个很好、很大的话题，涉及我们怎样从哲理上看待我们的身体。儒家这么看，我认为完全没有问

---

① 语出《庄子·齐物论》："枢始得其环中。"

题，我们还能找出更多的证据。

从现象学上讲，我比较喜欢现象学，西方现代有一位非常著名的哲学家叫梅洛-庞蒂，他也讲过这个问题。

问：身体现象学？

答：对，其实在胡塞尔那里就有了。梅洛-庞蒂基本的意思是，我们这个"身"，一重含义是所谓的"物理之身"，还有一重含义是物理、心理、境域、文化不分的更原本的身。前者翻译成"躯体"，后者翻译成"身体"，翻译得挺好。也就是说，躯体是个人的，一个人身体感到疼痛，他的父母并没有从自己身体上感受到，这个疼痛是躯体、肉体层次上的。但是，在更原本的人类生存中你直接体验到的那个身，就完全不限于这个物理之身。

所以，我叫它"家身"，这个"身"实际上是你和你的亲人作为"亲亲"的关系、不分的那么一个"身"。你的小孩子不舒服了，你也不舒服；他疼得要命，恐惧得要命，你也会跟着痛苦，甚至比他还难过。对父母也是一样，如果你真是一个孝子，父母的痛痒就是你的痛痒，这绝不仅仅是心理上的。

问：中国哲学中最典型的可能是宋明理学吧，他们"天人合一"的观念已经非常成熟，像王阳明讲"天地万物一体之仁"，是不是也有这个意思？

答：是的，宋明理学中讲得特别中切的是罗汝芳，阳明后学，我的书里还引用了他的话。我们这个"身"一生出来是一个赤子，我们通过这个"身"成仁、成圣，你把身体里带有的父母对你的爱、你对未来子孙的责任和爱，都展现出来，你就是仁人，甚至是圣人。"看着虽是个人身，其实都是天体；看着虽是个寻常，其实都是神化。"[1] 这与西方的基督教不同，你把你的"家身"实现出来就叫"修身"。

所以，"修身"绝不只是港台新儒家所讲的那种先验个体意义上的，或者是佛家式的、道家式的坐忘、心斋。当然这些也很重要，可以开发心灵的潜能，但首先要把"亲亲"里面的那个"身"修出来，才叫真正的修身。

---

[1] 方祖猷等：《罗汝芳集》，南京：凤凰出版社，2007年，第134页。

我认为儒家的"修身"在这一点上既吸收了佛家、道家的观点，又有自己的独特之处，这方面我认为罗汝芳讲得特别好。"大道只在此身。此身浑是赤子，赤子浑解知能，知能本非学虑，至是精神自是体贴，方寸顿觉虚明，天心道脉，信为洁净精微也已。……赤子出胎，最初啼叫一声，想其叫时，只是爱恋母亲怀抱，却指着这个爱根而名为仁，推充这个爱根以来做人……其气象出之自然，其功化成之浑然也。"（罗汝芳语，《明儒学案》第三十四卷）其实，王阳明讲得也很不错，比如他也讲静修，但并不妨碍"亲亲"这一面，"致良知"首先致的就是孝悌之良知。亲人关系不完全是世俗的，它从根本上关乎你能否成为一个君子、仁人。儒家讲"亲亲而仁民，仁民而爱物"，如果你不从"亲亲"开始，一上来就爱上帝、爱万物，那就有可能是虚假的，有可能被操控。

问：刚才您提到梅洛-庞蒂的身体现象学，这也让我想到雅斯贝尔斯的哲学，他反对将人视为一个现成的生命体、一种被实现了的功能，而是主张人的实存与大的历史脉络相联系。

答：不少学派都讲到这一点，像黑格尔、雅斯贝尔斯、马克思，都认为从根本上人具有一个历史的、社会的维度，这已经部分地突破了个人主义。但儒家更重要的特点是，它认为人不只是一个历史的、社会的人，人之所以能在历史、宗教中或其他神圣的领域中体会到真正的真理，是因为人是从家庭、"亲亲"的角度突破对个体的执着，所以不会脱离个人的偏执又陷入社会、宗教和时代的异化。破除异化、欺罔甚至自欺要靠致诚，而"亲亲"是诚的源头。我们每个人都能直接体会到"亲亲"之诚，父母对子女的爱、子女对父母的爱，都是完全自发的、纯真的、不虚伪的。

问：所以，"修身"修的是"家身"，"修身"和"齐家"实际上是一回事？

答：对，从根本上说就是一回事。港台新儒家就是一些像我这样的大学教授，像牟宗三、唐君毅等先生，我很尊重他们，也受过他们很多影响，但时代发展到现在，他们的很多东西就显得不够了，起码从思想上我们应该先伸出一条腿跨到现实生活中去。

三、 中西家庭观念的异同

问：您的新书《家与孝》的副标题是"从中西间视野看"，那么，关于家庭的观念，中国和西方有哪些不一样的地方？

答：那太多了。但是，大家都是现代智人，所以其实共通的地方更多。西方在历史上对家庭也是极其重视的，尽管他们在家庭之上还找了一些更高的东西，比如宗教上的神，或近现代以来政治或科技上的东西，等等。比如说，古希腊人认为写得最悲的悲剧就是家庭出了问题，他们喜欢写这个，当然最典型的就是俄狄浦斯，杀父娶母，其他好多悲剧也都与家庭有关，他们认为这是人生最悲苦、最悲哀的事情。

基督教也是这样，摩西十诫，第五诫就是要孝顺父母，当然前面四诫都是说人和神的关系的，人间的关系中排在第一位的就是亲人之间的关系，后面才是不可盗窃、不可杀人等，所以这是人的本性。还有，我在美国上学，通过和美国同学的交往，通过我们看到的西方的文艺作品，通过我们对西方社会的观察，都可以发现，在西方，亲子关系、家庭关系仍然是最基本的，这个毫无疑问。

因为西方人也是现代智人，所以人性总是要以各种方式顽强地表现出来。就像基督教里为什么称圣父、圣子，为什么在教会里互称兄弟姐妹，为什么要管牧师叫father？还有西方最狠的脏话中也涉及家庭成员。从这些正面和反面的例子中都可以看出，家庭关系、亲人关系是最根本的，最能造福一个人，也最能伤害一个人。就像上帝要考验亚伯拉罕，就是让他去杀自己的儿子，这样才能检验出他是否忠实。所以，在西方，家庭关系尤其是亲子关系也是处在第一位的，先于其他任何关系的，在我看来这是一个存在论意义上的问题。

当然，还有另外一面，由于文化、历史等各方面的原因，西方人看待世界、人生、家庭的角度跟我们很不一样。他们从一开始就有一种对家庭的怀疑、轻视甚至仇视的倾向，我并不是指西方所有历史时期、所有人，而是说有那么一些倾向——认为家庭是人间的、世俗的、引起麻烦的，使人上不能得真理、下不能过真实生活，会给人生带来很大的困苦。

问：能否具体说一说这些倾向。

答：西方文化对家庭的轻视、对家庭关系的怀疑，古已有之。当然，从《旧约》一直到近代某些自由主义者如洛克等，主流还是认为父母的恩情高于一切世俗利益，认为不孝顺父母是不对的，有时在法律上就有相应的规定。但是，从近代以来就发生了分裂，个体主义完全忽视家庭，像卢梭。康德也有一些这样的倾向，他是居于两者之间的。然后到了近现代，他们从哲学上逐渐反孝道。摩尔根的那些观点，即否定家庭的历史和人性的根本关联，也是与个体主义思潮密切相关的。

从历史传统上看，中国文化与西方文化非常不同。在中国文化中，儒家是主流，儒家里面以孝治天下又是主流，忠出于孝，孝先于忠，这毫无疑问。

总的来说，尽管不能与中国相比，但西方在历史上对孝是有所强调的。近代以来，西方则开始抹杀孝道，尤其是在洛克之后变得更加普遍，这一点跟中国传统文化、儒家文化的冲突就更加剧烈了。

但是，我们中国自新文化运动以来，对家庭的看法甚至比西方还要激进，乃至认为家庭就是历史上的过客，到了人类最幸福的生活即"大同世界"或共产主义生活时，就不再需要家庭了。所以，我们现在跟西方又开始一致了，我们的家庭越来越小，家庭关系越来越萎缩、越来越淡化，孝道也越来越淡薄。

四、如何看待近代中国的家庭批判

问：您刚刚提到新文化运动，的确，从中国的近代转折开始，自维新派到新文化运动主将，都或多或少地批判家庭。但是，对于那些可能给传统家庭带来负面效果的因素，如男权、父权、夫权等，近代以来的批判是否也具有积极意义？

答：我认为就他们的批判方式而言没有什么合理因素。他们的批判不是让儒家或中国家庭根据现有情况进行调整，让家庭更和谐，它不是建设性的，而是毁灭性的，是一种仇视。就像傅斯年说中国的家庭是"万恶之源"，这些新文化运动的干将无一不批判中国的家庭，批判家庭对年轻人的压抑，等等。他们高喊"打倒孔家店"，确实也把孔家店打倒了，但也造成了中国一个世纪以来家庭的急剧衰落和儒家文化的急剧衰落。

前些年我到西方讲学，那些德国学生都觉得不可思议，他们还认为我们仍然是一个儒教国家，说你们一定是对家庭观念十分看重，我说已经远不是这样了。当下的中国，儿媳妇和婆婆基本上没有办法长期生活在一起，在一个屋檐下生活会矛盾重重。所以，我说新文化运动对家庭的批判没有什么合理性，他们的批判一点儿积极意义都没有，他们要毁灭中国的家庭，目的是毁灭中华文化精神的主流也就是儒家，这导致了人们对家庭的藐视，这是中华民族的悲哀。

现在我们的民族精神在这一点上存在很大问题，如果不把这一漏洞堵上，中华民族很难全面复兴。抛弃自己最有特色的东西，仅从经济实力等硬实力上去和西方国家、西方地区比较，这是不行的。当然，眼下中国的确在某些方面超过了西方，但在软实力方面还是相当欠缺的。他们或许会说，你的科技、电影等等，不都是跟我们学的吗？什么才是你们中国自己的东西呢？我认为儒、道、佛都是我们自己的东西，其中儒家是最核心的、最根本的，因为它涉及我们的现实生活，在这方面，新文化运动的主将并未提出任何根本性的、建设性的东西来。

问：可不可以这样理解，刚才提到的从康、梁到新文化运动主将所批判的内容，以及今天中国的家庭所面临的诸多困境，包括婆婆儿媳相处、家庭暴力、虐待老人、虐待儿童等，它们并不是作为人性源头的家庭本身的问题，而是我们的经济结构、政治结构、社会结构、生活结构等方面的问题？

答：不是家庭本身的问题。就像我刚才讲的，家庭对于我们人类而言，永远是生命和幸福的来源，而不是痛苦和死亡的来源，这是毫无疑问的。你提到的这些问题的产生，是因为受到了西方近代个体主义思潮和工业化、全球化等的影响，这种影响是全面的、压倒性的，涉及宗教、政治、经济、科技等各个方面，它在重新塑造人的生活方式，甚至威胁到人类本身，比如高科技试图对人类本身的改造。所有这些因素使得家庭破败，再加上中国的特殊情况，从新文化运动以来我们的知识分子就开始看不起家庭，认为在家庭之外而且唯有在家庭之外才有更高的价值。现在，我们应该把"顾家"作为一种正面价值或品质加以肯定。

五、打造"儒家特区",重建家庭生活

问:对于今天中国所面临的家庭衰败的窘境,您认为有没有必要采取措施去补救,应该采取一些什么样的措施?

答:儒家讲复礼,但现在"礼崩乐坏"的程度远远超过孔子那个时候,我们整个社会、经济、文化、家庭结构全面非儒化、非家庭化,你要复礼就要有一些新的办法。实际上,历史上也有家庭出现问题的时候,比如宋代,很多名士大儒对当时的家庭关系不满意,像范仲淹、朱熹等人,也提出重修家谱等办法,不过总的来说那个时候家庭的大格局还在,现在远远没法与那个时候相比。

具体的办法,我认为可分为两个层次:一个是大格局的恢复,这个格局就是在人类历史上绝大多数时间内、在中国历史上也曾占绝对主导地位的那种家庭形态和相应的文化思想形态。如果在现代社会能实现这个格局的部分恢复,那是很重要的。另一个是在已经"礼崩乐坏"的环境中,如何尽量做一些具体的事情,挽救以前的儒家之礼。

对于第一条,我认为可以在局部重新建立起传统的以家庭为根的社团,在这方面我写过一些东西,在一本书中也有一部分专门讲过这个问题[①],我称这种社团为"儒家特区"。其中首要的一点是,家庭或亲子关系在特区中占据核心地位,由此而产生大家庭乃至宗族的生活方式。这个儒家特区是一个相当天然的基于"家庭—家族"式而又被儒艺谐调升华的礼乐社团社会,个人的生老病死、生产、教育、保险、公益事业甚至大部分争执裁决都在其中解决。它是一个真正高度自治的、在一定程度上是"无为而治"的社会。此外,可以在特区中恢复和大力发展传统的与一切有用的、新创的绿色技术及工艺;在调整和改进的前提下,基本上恢复传统的教育方式和一大部分传统的教育内容;在吸收西方历法和天文之长的前提下,将历法由现行西历改为以农时为本的传统历法;经济以家庭生态和自然生态为基,以农为本,工商兼行,等等。当然,打造"儒家特区"也要考虑现代人的心理和习惯,很多东西需要做调整。

[①] 参见张祥龙:《复见天地心:儒家再临的蕴意与道路》,北京:东方出版社,2014年,第八章、第九章。

打造"儒家特区"既有中国的历史可以借鉴，也有西方的经验可以借鉴。中国历史上，周文王、周武王发迹于丰、镐两地，这两个地方其实很小，就在现在的陕西。在商纣王还做天子的时候，天下三分之二的诸侯就已经归心于周，为后来建立周朝打下了基础。所以，从小地方做起是儒家特别值得赞赏的地方，儒家不靠军事的征服和意识形态的传教，靠的是榜样的力量。

关于西方的经验，我曾考察过北美的阿米什人，他们虽然是基督教的团体，但是特别看重家庭；所以他们不信任阶层化教会，也不要教堂，他们自己选举神职人员，举行礼拜这种神圣仪式则在各家进行。他们抵制高科技对人的绑架，到现在还在坚持使用一些相当传统的技术，出门多用马车，不使用电力，有的地方用犁耕地，穿传统服装。他们的家庭关系、邻里关系都非常紧密，他们讲究的就是面对面的交流。曾经所有的专家都预言阿米什人的数量会不断减少，但事实恰好相反，20世纪初阿米什人在北美有几千人，现在则有约28万人。

如果有一个"儒家特区"，有人去关注、报道，大家就会了解，原来还有这么一群人存在，还有这样一种生活方式可以选择，并不是我们所有人都命定必须要过那种全球化的生活。未来如果世界上有一些重大的变化，这个特区就是另外一种选择。

问：这个特区具有重要的样本意义。

答：它首先是一种样本，其次也可以将其推向主流社会，让"家与孝"在现代生活中恢复一些影响。在这方面，国家有许多事情可以做。

比如说，国家可以鼓励重建具有儒家色彩的社区或者家庭关系，其中很重要的一点，家人得住在一起或者住得比较近，这样家人之间的关系才能紧密、鲜活，便于互相照顾。这样的社区，我们可以叫它"亲子社区"或"儒家社区"等，这样的社区在主流社会里面越多越好。国家应以各种方式进行鼓励，不光是经济方式，还有舆论宣传等。

虽然我认为这可能也解决不了根本问题，因为社会、经济形态还在继续个体主义化，大格局不改变就不可能从根本上解决问题。但是，我们在主流社会做这样的努力也不会白费，这也算是我们为未来做的一种准备，我们总得为未来做些什么。

除了"亲子社区"或"儒家社区"的推广，在教育上也可以做很多事情。比如山东正在尝试将优秀传统文化教育纳入中小学必修课程，这种尝试很好，非常值得尝试。实际上，从幼儿园、中小学到大学，都应该以现在的孩子所能接受的形式，适当恢复儒家教育、读经教育。这一方面，东亚儒家文化圈的有些地区已经在努力。

还有经济方面，传统农业不能就这么放弃。现在全国上下都鼓励大规模经营，土地都被集中起来交给有能力的人去经营，传统的农业社区反而不是一个最中心的考虑了。我认为，还是应该鼓励某些农业地区的家庭更多地合作起来，鼓励社区化经济，促进熟人社会的信息沟通和情感交流，实施生态农业。在这方面，印度有些地方就做得很好。

在法律上，有些法律条文也要做适当调整。比如婚姻法，是受西方个体主义等思潮的影响而产生的，结婚完全取决于所谓的两位当事人。两个年轻人结婚怎么会只涉及他们两个人呢？如果两个人婚姻不幸福，这会对双方父母造成极大的伤害，也会对子女造成极大的伤害；如果两个人离婚，孩子会非常可怜。上面提到的父母、子女，这些人都是利益相关方。所以，婚姻法应做适当修改，尤其是涉及离婚的部分，有孩子的夫妻离婚不能与没有孩子的夫妻一样。

问：这会不会导致另一种情况的出现，就是当事人的婚姻被利益相关方绑架，成为利益相关方拿来做各种"交易"的筹码？

答：你说的这个所谓的"交易"，在西方到现在都有，日本也有，可以从法律上做一些限制。的确，结婚条款比较难改，但最起码父母要有发言权。当然，这也要看大家的接受程度，通过讲这个道理，展开全民讨论，最后形成共识。

我们还是说离婚问题，这个问题最紧迫。有孩子的夫妻离婚，门槛必须提高，一定要满足某些条件，比如把对孩子的伤害降到最低，在这样的情况下才准许离婚。而且，离婚必须给出正当理由，如果因第三者插足必须离婚的，过错方必须付出经济等各方面的极高代价。

问：这会不会带来一个负面效应，既然离婚的门槛提高了，那很多人干脆不离婚，但也不好好过？

答：法律也可以有相应的办法。实际上，就算没有所谓的感情，就算只是维持一个名义上的夫妻关系，对孩子来说，也比离婚强，这是很明显的，因为它至少还是一个完整的家庭，这对孩子来说是很不一样的，对社会风气的影响也是很不一样的。现在大量的离婚现象对社会风气的伤害极大，离婚太随便了，绝对不行。

除此之外，在现代的主流社会里我们还有许多事情可以做，这一切都是为了维持、复兴、复活我们的亲情关系，为了调整我们的经济关系、社会关系、文化关系、教育关系，从而使"家"与"孝"在现代生活中尽可能地恢复其影响。

六、 家庭生活体验与学术兴趣转向

问：您自己有哪些切身的体会，影响、佐证了您关于家庭的理论？

答：我只能从原则上来谈。家庭的经历影响到了我的思想。年轻的时候我特别喜欢道家，喜欢西方哲学，后来转到儒家，尤其是我结婚以后，有了自己的孩子，这些经历对于我转向儒家是起过作用的。

问：能否具体谈一谈？

答：自己有了小孩，才体会到我对孩子的爱可以超出对自己的关怀。我就一个孩子，你说如果他真正需要，有什么东西我会不拿出来吗？如果需要我的一个肾或者什么东西去换取他的生命，我会不拿出来吗？可是你对别人呢，对普通的人，你会那么痛快吗？所以，儒家的真理就在你的生活里，你真正的爱、超过个人的爱是从"亲亲"开始的，我从那以后就知道，儒家在这一点上是哪一家、哪一派都代替不了的，这是一个源头性的真理。

儒家只有把这个事情讲清楚了，现代人才能理解儒家的合理性。你自己意识到能对子女这样，你回过头来也马上就能想到当年父母对自己也是这样，这样一来，你还忍心去对父母大吼大叫吗？我年轻的时候，在那个时期年轻人谁也不在乎父母，但很快就会有各种问题出现，你很快就会知道父母对你如何，你很快就会意识到有愧于父母，永生不能还清。

问：这就是您在文章和书中反复提及的内时间意识的问题。

答：对，这就是时间意识的反转。下一代是未来，我是现在，父母是过去。随着内时间意识中"过去"与"当下"、"当下"与"未来"的交织，越来越多的"过去"被保持在潜时间域中，只要有适时的激发，跨代际的记忆反转就可能涌现,"孝意识"也就产生了,或再现、再加强了,这也就是我们常说的"养儿方知父母恩"。

这个关系完全是内在的、身体性的,是本源性的、存在论意义上的关联,而不只是一个认识上的问题。也就是说,在你有意识的认知之前,你就跟你的父母、子女拴在了一起,你要破坏这种关系,最后就是人生悲剧。现在世界上无数的人生悲剧都是从家庭开始的,很多文艺作品、影视作品都反映这一主题。

问:您介不介意谈谈自己的"齐家之道"?

答:我认为,我所属的我父母的那个家庭和我自己的这个家庭,在中国现在这种环境中,应该都不低于中等水平。你要问我具体怎么齐家、齐得怎么样,我不敢说我们做得很好了,我只能说,无论是孝顺父母还是关爱、教育子女,我们自认为做得还不算太坏。但是,这个问题是这样,你可能在内心里觉得永远都对父母有愧疚,永远认为自己是不孝之子,永远认为对子女的关爱和教育不够好,可能很多人都有这样的体会。总而言之,没有大的愧疚,也很难说尽善尽美。

七、 中国哲学的未来发展

问:您的家哲学研究比较注重对人类学研究方法和成果的运用。

答:对,我看了很多人类学的书,也借鉴了不少人类学研究的成果。

问:关于人类学对哲学的影响,您怎么评价?

答:我认为,至少目前在中国,人类学对哲学的影响还不够大。做哲学研究的同行,有一些只做一些概念的分析,尤其是分析哲学,更多的是玩一些小技巧,失去了文化视野和实际生活的视野。所以,对于那些技术化、矫情化的哲学,我很不看好,虽然他们依傍着西方科技和认知科学的发展,好像在学术界、体制内声势都很大。但是,我不认为那是哲学真正的生命力所在。

人类学呢,从学术本身来看,你无法忽视它。现在我们谈人性,既然儒家说孝是人性,那么你得知道什么叫人性,人类学一方面可以纠正我们以前关于人性的一些错误认识,另一方面也可以开拓和深化我们对人性的理解。所以,如果你完全不了解人类学,你现在根本就没法谈人性。

问：您认为哲学尤其是中国哲学、儒家哲学未来的发展应该走什么样的路子？

答：儒家大讲人性，所谓"性与天道"，这个"性"首先就是人性，这是核心问题。你对人性的理解，如果完全没有借鉴人类学的一些研究成果，那么你确实是比较落伍的，而且有些东西可能是错误的。比如现在很多做中国哲学、中国哲学史的学者，还认可刚才我所说的摩尔根的那个理论框架，那么他对儒家义理的理解就会比较肤浅，会认为儒家所阐明的只是一种文化的、历史的现象，而不是伴随我们人类始终的那种现象。

比如孟子所讲的"四端"，第一端讲恻隐之心，他为什么要以一个孩子来举例？是因为虽然从表面上看这个孩子跟我非亲非故，但这个孩子可以唤起我作为父母的那种慈爱的知觉。因此，如果你没有人类学的视野，没有认识到"亲亲"之爱的本源性、终极性，那么你对孟子所讲的道理的体会就不会深，你会觉得那只是中国的东西，而不会觉得那是普遍的、跟全体人类息息相关的东西。这只是一个小例子，这样的例子还有很多。

我最近还在写一篇论文，讨论儒家能不能接受母系家庭，因为我去年去了泸沽湖，采访了摩梭人，他们的家庭是母系的，这也是很有趣的话题。人家说儒家在历史上歧视女性，你应该怎么看待这个问题？在什么意义上可以判定为所谓的歧视？或者在什么意义上可以否认歧视的存在？如果歧视存在，现在又应该做出什么样的调整？是仅仅在父系制中做调整，还是可以进入父系与母系的双重乃至多重结构之间来做调整？对于这些问题的解决，光打嘴仗是没用的，必须要有新的东西，人类学就能提供一些新的思路、材料和事实。

所以，人类学、心理学等可以帮助儒家理解人性，以及很多相关的问题，包括：人的意识是怎么产生的？人的语言是怎么产生的？儿童智力的发展（儿童智力的发展涉及其孝意识的唤醒）是怎么回事？孩子什么时候唤醒其孝意识是最恰当的？什么时候进入反叛期？青春期就是一个反叛期，因为从人类学上讲，这是该他（她）自己建立家庭的时候，他（她）当然要跟父母保持一定的距离，不能老依恋父母。但这意味着没有孝了吗？根本不是，这个很有趣。

其实不只是人类学，现在的认知科学我也挺看重，包括人工智能，它对于我们理解人类的心智既有帮助又有挑战。比如，儒家还讲"心"，孟子、陆王都讲。"心"到底是怎么回事？随着对"心"的认识的发展，有人就得出了一种结论，即完全否认"心"本身的价值，把"心"的活动还原成一个完全生理性的过程。儒家需要应付这些挑战，同时从中得到某些启发。

总之，把自己限制在所谓的学科内——或者是中国哲学，或者是西方哲学，或者是哲学史，或者是那种概念化的哲学本身——这样的路子是行不通的，因为这样你永远跟不上时代真正的大的思潮，你永远是一个门外汉。

（原载于《河北学刊》2018年第3期）

舜孝的艰难与时间性

舜孝①是儒家的一个源头范例，不仅是其道德的范例，也是其政治的范例。本文要分析舜孝范例性的哲理含义。完整意义上的舜孝还包含尧对于这孝中之道的辨识，所以今文《尚书》中的《尧典》也包括古文本中的《舜典》，它们本来就属于一个历史事件，一个开创了伟大文明的事件。

《尚书》以《尧典》为开端，而不像《史记·五帝本纪》那样从黄帝开始，表明儒家毫不含糊的唯尧舜认同。而孔子对于尧舜的赞美是无与伦比的。"子曰：'大哉尧之为君也！巍巍乎，唯天为大，唯尧则之。荡荡乎，民无能名焉。'"（《论语·泰伯》）"子曰：'巍巍乎，舜、禹之有天下也，而不与焉！'"（《论语·泰伯》）"子曰：'无为而治者，其舜也与？'"（《论语·卫灵公》）孟子则"言必称尧舜"（《孟子·滕文公上》）。

但学界在理解此典时，多从制度、历法或历史事实的角度来考察，极少能看到舜孝的核心地位及其哲理含义，因而也就难于理解"从周"（《论语·八佾》）的孔子为什么会对行禅让的尧舜有如此"巍巍乎"的颂扬。而本文就是要论证，孔孟这种赞美和认同的根基就在于舜孝所显示的那样一种意识方式和生存方式，而这种方式并不等同于某一种固定的政权延续形式。不理解它，就难以真正领会儒家和中华文明的生命源头所在。

以下将首先分析舜孝的艰难，既有行此孝之难，也有识此孝之难。其次，将尝试揭示尧测试舜的主要方向和方式，点出其与尧的时间意识的关系。再次，舜孝的内在真实性所依据的时间性、孝意识与政治意识的时间关联，乃至舜孝产生的政治后果，将得到关注。最后，我们来看禅让与继位如何通过天时而达到某种一致。

---

① 本文作者赞同"舜孝"具有历史真实性的观点。有关的一些看法，可参见许刚：《关于舜帝孝道研究的一点感想》，《孝感学院学报》2009 年第 1 期。

一、舜孝艰难

舜孝之难是根本性的，即他孝爱和友爱的对象——父母和异母弟——嫌恶他，甚至要杀死他。"父顽，母嚚，象傲［父亲愚劣不堪，后母说话不实，弟弟象倨傲不悌］"（《尚书·尧典》）[①]，其情状之恶，《史记·五帝本纪》有更具体描述："舜父瞽叟盲，而舜母死，瞽叟更娶妻而生象，象傲。瞽叟爱后妻子，常欲杀舜，舜避逃；及有小过，则受罪。顺事父及后母与弟，日以笃谨，匪有解。"[②] 后来还有焚廪埋井之谋害恶举。而舜居然能一一"避逃"，同时又并非一逃了之，而是逃死不逃罪，"及有小过，则受罪"。此所谓"小过"，多半只是这对父母眼中舜犯的小过错，因而其责罚不至于使舜死亡或重残，于是舜就受其罚。只有这般逃死受罪，舜才能不让父母和胞弟犯杀子害兄之大罪，自己也不至于沦为无家可归之人，于是"克谐以孝烝烝，乂不格奸［能够与之柔和相处，行厚美之孝行，克己而使家人不多犯恶行］"。

此孝的艰险，首先在于舜行此孝之难。要在如此恶劣的形势中生存下来，就很不易，"使舜上涂廪，瞽叟从下纵火焚廪。……后瞽叟又使舜穿井，……舜既入深，瞽叟与象共下土实井"（《史记·五帝本纪》）。舜必须对这类阴谋事先觉察，采取应对措施，到危急时才能"以两笠自捍而下""从匿空出"，逃得不死。但这"觉察"必须要有防范之心，而这种心机与"克谐以孝烝烝"之心如何能够不冲突呢？简言之，面对如此家人而行孝，不仅违反"人情因果律"，还似乎违背了"人情矛盾律"。

其次，即便舜真行了此孝，要辨识出它的真假也极难。亲子关系是世上最真实、原发的关系，由亲代之慈爱与子代之孝爱回旋交织而成。如果其中一方出了大问题，此方不仅失去了对另一方的爱，还要恶意加害另一方，那么这关系和爱意还能不能、应不应该维持下去呢？家中有了迫害者，就有受苦者；有了加害之意之行，就会有防范之心之举。这时，受害方的生存是一种什么样的生存，而其心又是如何复杂的心啊！的确，志士仁人

[①] 本文中《尚书》引文均来自［清］孙星衍：《尚书今古文注疏》，陈抗、盛冬铃点校，北京：中华书局，1986年。本文不怀疑《尚书·尧典》乃至今文《尚书》的历史真实性，有关依据从略。

[②] 本文中《史记》引文均来自［汉］司马迁：《史记》，北京：中华书局，1982年。

要成就大事，必"苦其心志，劳其筋骨，饿其体肤，空乏其身，行拂乱其所为"（《孟子·告子下》）。可问题是，即便此受苦之人能够"困于心、衡于虑而后作"［内心困苦、思虑阻塞而后奋发创作］，但这奋发创作之心就是孝爱之心吗？也就是说，在这种情势下，即便舜有诸般孝行，它是发自真心还是出于其他动机呢？这"动心忍性，曾益其所不能"（《孟子·告子下》）的"能"里面，确实有"能孝"吗？这些都是不可避免的问题。

西方人对人心之复杂、自私、易背叛，有着特别尖锐的终极感受。古希腊《神谱》中的主神家庭，妻子背叛丈夫、儿子推翻父亲，屡见不鲜。希腊悲剧中的人间家庭，更是谋杀和乱伦交现，悲之极也。《旧约》中人类也屡次叛离耶和华神的期待，背上了原罪。所以西方文化的主流似乎从来不奢望普遍的孝行，做梦也不会想到还会有虞舜这样的孝子。所以，他们认为国家的基础不可能是家庭，反倒一定要超出家的羁绊才会有能实现正义的国家。即便是国王世袭制的国家，其国家的合法性根基也不在家庭而在法，无论是自然法、神圣法还是人间法。

西方近现代人观察家庭关系和亲子关系，主要持契约论或潜在契约论。也就是认家庭为一潜在契约，规定各方的权利和义务。父母不慈，则此契约失效，子女当然可以甚至应该不孝。而且，从总体上看，西方起码自康德起就有这样的主导观点，即父母未经子女同意生下子女，就有义务将其抚养到能独立之时；之后双方即为平等的利益交换关系，至多有情感上的联系和生活上的相互帮助，子女完全没有道德上的义务去尽孝。如果处于这样的视野内，舜在父母如此待己的情况下仍然去尽孝就是很不自然并违反人情和人性的。持这种观点的人们会倾向于怀疑：舜孝或者是伪孝，或者是精神失常所致。而伪孝的可能中，又可以有为了谋求利益比如"膺大任"而行孝的"有所图之伪"，以及将行孝只当作尽道德义务而无真的爱父母之心的"尽义务之伪"的区别，等等。其实，由于舜孝案例造就了"反慈情境中的孝爱难题"，在中国古代，人们也曾引出过种种疑难，除了法家等反儒家学派的质疑之外，在广义的儒家中也有过疑问，有些就与上述的怀疑有重合之处。而如何应对这些疑难，就考验着儒家根基的真实性和源头性。

二、尧识舜

尧与舜的相遇缘于尧所面对的人才危机。曾经辅佐尧治理天下,即亲九族、昭百姓、和万邦者,特别是助其"敬授人时"的老臣们如羲和氏中人纷纷辞世,尧本人也渐老,于是他向众大臣们征求可继业续统的人选。但大臣们推荐之人,皆不合尧意,有的勉强试用后也不成功。无奈之际,尧向大臣们要求:"明明扬侧陋。"(《尚书·尧典》)也就是让他们不拘一格推举能治国的大才。"侧陋"乃"疏远隐匿"之意。于是四岳(掌管四方或四时之官)推荐了民间的一介鳏夫虞舜,时年约三十。当尧询问举荐他的理由时,答语就是以上引述过的话:"瞽子。父顽,母嚚,象傲。克谐以孝烝烝,乂不格奸。"(《尚书·尧典》)即舜在极其恶劣的家庭环境中还能行孝。于是一个转机出现了。在否定了众大臣们推荐的众人选——或是自己的儿子,或是很有能力和成就的大臣们——之后,尧对舜这么一位侧陋者产生了浓厚兴趣,马上说:"我其试哉。"(《尚书·尧典》)此"试"首先是测试,其次才是试用。当时舜所呈现的只是孝行,并无治国才能,而尧竟充满期待地要试之,而不像对其他候选者那样一口否决,可见他选拔人才的眼光独特,能预见孝意识与治国能力间的内在关联,一种非对象化的联系。而尧首先要测试的,也还不是行政才能之类,也不像不少注释所言,是要测试舜的治家能力,如古文本孔疏"欲观其居家治否"①之说,而是舜孝的真实性,因为这种孝太不寻常,隐含一个反慈情境中的孝爱难题。如其为真,此人当有大贤大能之质;如其为伪,则其人如王莽辈或为大奸大恶之徒。王充在其《论衡·正说篇》中反驳了对尧"试"和"观"舜的非真实化的解释,比如将"我其试哉"之"试"当作"用",也就是在行政岗位上试用他;或将"观"说成"观示虞舜于天下",即尧在测试舜之前已经知舜,此测试只是用来向天下之人展示舜的德能而已。总之,这"试"与"观"都不是真正的测试和观察,因为它们都已预设舜孝甚至其德能已经被知晓了。王充则认为,用这种"不须〔真实〕观试"的方式来抬高尧的先知先觉,并不合适,因为"佞难知,圣亦难别",也就是说,要鉴别那

---

① 孔安国传、孔颖达正义、黄怀信整理:《尚书正义》,上海:上海古籍出版社,2007年,第59页。

种表面上很好而其实是恶人的恶处（佞）是困难的，同样，要鉴别表现得好、也确实是圣人的圣处同样是困难的，因为他们都各有其"奇"处。

尧试舜的方式，与耶和华以杀子献祭试亚伯拉罕不同，与周文王、秦穆公以对谈试姜子牙、百里奚也不同。王莽可杀子以邀买人心，大奸又大能者可善用对谈而得赏识（"佞难知"）。而尧面对如此困难而又如此重要的认知任务，采取了一个很不寻常的举措："女于时，观厥刑于二女［（尧）将自己的两个女儿（娥皇、女英）嫁给舜，以便通过二女就近观察舜在家中的表现]。"这个举措与测试行政能力没有直接关系，而要观察舜的治家能力，也用不着同时嫁给舜两个女儿。何况，因没有得到舜父母的同意［按孟子的解释，如果必得其父母同意，就"不得娶"（《孟子·万章上》）]，尧嫁女还不能说是正式的完婚，所以《尧典》用"女于时"而非"妻于时"①。在这种情况下，一次投入两个女儿的测试就必有深意。

反复思之，可知尧之试似极温柔敦厚却又极原发老辣，以少女对鳏夫，阴阳相交而时中，日夜同居而偕行，让被试者无可掩饰而现其形（"厥刑"）。"夫微之显，诚不可掩如此夫！"（《礼记·中庸》）为苍生社稷，尧愿下此注。至于要以"二女"而非仅一女下注，可能是因为两女同观，有掎角之势，方可确知一男舜孝之真伪。《中庸》里的一段话似乎就在评议此事："君子之道费而隐。夫妇之愚，可以与知焉，及其至也，虽圣人亦有所不知焉。"（《礼记·中庸》）此处乃夫妇、父子及社稷交接处，亦是尧之"时中"圣知处。因此，《尧典》前半阐述尧"钦若昊天，历象日月星辰，敬授人时"之"时"，与此求人而得人之时，本自贯通。此为尧"时"天人充分互融之特异处，与黄帝"迎日推筴"之时、颛顼"载时以象天"之时、帝喾"其动也时"（《史记·五帝本纪》）之时，所以不同者也。

---

① 郑玄曰："不言妻，不告其父，不序其正。"孙星衍撰，陈抗、盛冬铃点校：《尚书今古文注疏》，北京：中华书局，1986年，第31页。

三、舜孝之时性

(一) 舜孝之真

尧凭二女得知舜孝之诚。其证据何在?"厘降二女于沩汭,嫔于虞[(舜)命二女回到沩水湾内,去他的家族所在的虞地,以尽妇道]",单单这个行为并不能当作证据。如果脱离了"观厥刑于二女"的直观,这种治家能力可以是摆摆样子的。真正决定性的证据来自《孟子·万章上》首章,它记载了孔、曾、思、孟所传述的虞舜"内史"①,而情况似乎是,只有生活在舜身边的"内人"方可直观此事实。"万章问曰:'舜往于田,号泣于旻天,何为其号泣也?'[万章(孟子弟子)问孟子,舜到田野里,对着苍天哭诉。他为何要那么做呢?]"孟子答曰:"怨慕也[他是因为有怨慕才哭诉的]。"舜想得父母之爱而不能,郁积怨慕之情要倾诉,于是一人到田里号泣。于是万章又问:"'父母爱之,喜而不忘;父母恶之,劳而不怨',然则舜怨乎?"万章这里在引用曾子语(见《大戴礼记·曾子大孝》),实际上表达了儒家应该遵守的一个尽孝原则,即父母爱我时,我欢喜而且总不忘怀;父母讨厌我时,我也尽心尽力地服侍父母,绝不抱怨。既然如此,那么我们伟大的榜样舜为什么还有怨呢?难道他不是那么完美的圣人吗?

这是颇有辩难力和思想激发力的问题。孟子有一段很长的回答。先引了曾子的一个学生公明高与他的弟子长息的对话。长息也问了类似的问题,公明高答道:"是非尔所知也[这不是你能知晓的]。"公明高和孟子要说的是:"以孝子之心,为不若是恝,我竭力耕田,共为子职而已矣,父母之不我爱,于我何哉?"意思是怀着孝子之心的人可不会这么不在乎。怎么不在乎呢?就是上面引语"父母恶之,劳而不怨"的表面意思。我尽力耕田劳作,尽自己的责任,父母不爱我,跟我有什么关系呢?我已经尽了我作为孝子的责任了。如果是这样,那么舜的孝行就有问题,是不能让人完全相

---

① 此章记载的事情,《尚书·大禹谟》有记载。但此篇不见于今文本,其中某些内容或有不实之嫌,故暂不用。

信的。康德以服从道德律而尽义务为道德根本的学说，其缺陷于此可见一斑。下面一段讲得好：

> 帝将胥天下而迁之焉。为不顺于父母，如穷人无所归。天下之士悦之，人之所欲也，而不足以解忧；好色，人之所欲，妻帝之二女，而不足以解忧；富，人之所欲，富有天下，而不足以解忧；贵，人之所欲，贵为天子，而不足以解忧。人悦之、好色、富贵，无足以解忧者，惟顺于父母可以解忧。人少，则慕父母；知好色，则慕少艾；有妻子，则慕妻子；仕则慕君，不得于君则热中。大孝终身慕父母。五十而慕者，予于大舜见之矣。（《孟子·万章上》）

舜不以任何"人之所欲"的满足为满足，而只以得父母之爱为解忧，因为对于他，一切所欲以及他在家中遭遇的所不欲，或父母的虐待，都是一类东西，都不足以代替他与父母的原本联系。这联系先于一切得失是非，是他人生意义的发生结构。正是这结构使那些依附于对象的欲望和意愿得以可能，它是他的原欲和原意。所以，对于舜，"不顺于父母"就永远是他人生之大痛，不管这父母何等邪恶。他的怨慕正是对"顺于父母"的渴望而不得的至情倾泻，势必以违背礼规、哪怕是儒家礼规的方式涌现。此涌现可谓"发而中节"之"时中"（《礼记·中庸》），不拘于礼规而成就礼义，因这里不破戒舒怨就不足以发其诚，而这种当时而发的怨慕恰是舜孝真实性的证据。所以，"礼，时为大，顺次之"（《礼记·礼器》），即儒礼以时中之发生为首要，而以遵循礼规为次一等的原则。

基督教要求信徒"爱你的仇敌"。这可能吗？就人情而言，是不可能的，而依据上帝或基督的命令去爱，也就是凭借这命令造成的意愿去爱，会有真爱吗？舜并不视父母为仇敌，却也难于依据因果关系、契约关系、对应原则去爱父母，而只能凭借超功利、超眼前对象的长期回忆能力来爱父母，也就是凭借依恋父母的幼儿天性和深长时间意识导致的原初记忆来生出爱父母的感情，而非仅仅爱父母的意愿。要知道，按照古籍所载的事实，舜并非完全没有那种能使他生出爱父母之心的回忆。比如，舜的亲生母亲想必很早就去世了（舜三十岁左右娶娥皇、女英，舜的后母弟象能够觊觎其嫂，想出谋害舜的阴谋，说明两兄弟年纪相差不是很大），而舜之所以能够成长为一位身心健全且德智超常的成年男子，没有小时候父母的某种照顾乃至关爱是不可能的。说到底,此深长时间意识或历时的长期回忆能力①,正是孝心出现的天性前提。它超出一切对象化功利关系,但不超出人的生命结构和生存时间性。通过这个前提,孝心与人类的其他意识能力就有了耦合。

(二) 舜孝之能

孝乃亲子时间中的回流反报意识,因而与人对原时间回旋结构的觉悟相关。但时识有二:一个是实践效用之时机意识,朝向当下目标和将来目的的回旋能力;另一个是可以生出道德感之天时意识,通过向过去的回流(与慈之顺流交织)而进入当下与将来的更大回旋能力。

从"原发的生存时间性乃人的本性"(海德格尔持此观点)的角度看,后者或天时意识是更原本的。它本身并不等于道德意识,而是一切实践时机能力和道德意识之源。就此而言,孝与政治能力有内在的相关性,因为孝心或孝意识的出现需要并可反过来大大增强人的时间意识,包括时机意识。"夫孝者,善继[先]人之志,善述[先]人之事者也。"(《礼记·中庸》)可见孝的根本是一种时间回溯和历时保持的能力,能够在先人已经不在场或早已不在场时,仍然"继承"和"述现"其志其事。这继与述也可以表现于父母仍然在世时,也就是子女善于体会和实现父母之志之事。比如,能赡养年老的父母、祖父母是为孝,而能体会他们的心意("志") 并"继""述"出来的,就是更真实意义上的孝了。这样看来,能敬事父母,就胜于单纯的赡养 (《论语·为政》《孟子·离娄上》),而能在不顶撞父母的前提下"几谏"(《论语·里仁》)父母,使父母避开不义、家族免除灾祸者,就像舜所做的,是更大的孝,因为它们涉及更深长的天时意识,也会造成更深远的生存后果。

因此,孝意识一旦比较明确和充沛地出现,势必改变人的整个意识的内在状况,引发和增强那些与时间感受力有关的意识能力,其中就有道德意识和学习意识。"夫孝,德之本也,教之所由生也"(《孝经·开宗明义

---

① 关于"历时记忆"与"语义记忆"的区别,可参见张祥龙:《想象力与历时记忆——内时间意识的分层》,《现代哲学》2013 年第 1 期。

章》)。"孝"与"教"（教化）在字源和意思上的联系耐人寻味。孝为什么与人的可教性有内在联系呢？因为"可教"或"能学"与人的历时记忆能力或原发想象力有莫大的关系，而孝依之又促之。

除此之外，孝意识肯定也会强化时机意识，而这正是政治活动所需要的。舜的超常孝意识激发出了超常的时机意识："欲杀，不可得；即求，尝在侧。"（《五帝本纪》）当舜的家人要杀害他时，总不能得逞；但真有需要而求助于舜时，他又总能出现在家人的身旁。这是一种怎样的把握时机的中庸能力啊！能够时时活在生死的夹缝之中而得其时机，先知先觉。"子曰：'舜其大知也与！'"（《礼记·中庸》）但这"大知"或大智慧应该是来自他的孝诚意识，或起码与这种意识有甚深的关系。所以，"子曰：'舜其大孝也与！……诚者，不勉而中，不思而得，从容中道，圣人也。'"（《礼记·中庸》）舜把握时机的能力出自孝诚，所以其"不勉而中，不思而得"的时机化境界，与《孙子》《韩非子》及黄老学派等讲究用势得时者又自不同。

政治行为需要的首先是时间意识，不同政治要的是不同的时态。越是美好的政治，越需要深长的时间意识。舜摄位后，马上表现出政治上强烈的天人时间意识："在璇玑玉衡，以齐七政。"（《尚书·尧典》）"璇玑玉衡"，或视之为北斗七星，或认为是天文之器如浑天仪。《尚书大传》说得更微妙："琁[璇]者，还也。机[玑]者，几也，微也。其变几微，而所动者大，谓之琁机。是故琁机谓之北极。"① "七政"乃四时、天、地、人。通过天象天时的几微来领会七政、治理国家，这是舜初摄位时所展示的，与尧之"敬授人时"一脉相承。正式登帝位后，舜首先对官员们说："食哉，惟时！② 柔远能迩，惇德允元[我们要努力啊，要以时为本！这样才能柔安远国、亲善近者，让我们的美德醇厚，将命运托付给元兴大化]。"而他施政中的诸举措，如沟通天地神人、四时巡守、封山浚川、象刑惩凶、选贤任能、礼乐教化、开通言路，的确是"敕天之命，惟时惟几[谨事天命，就在于'时'与'几'啊]"（《尚书·皋陶谟下》）的手笔。而他之所

---

① 孙星衍撰，陈抗、盛冬铃点校：《尚书今古文注疏》，北京：中华书局，1986年，第36页。
② 此处据《尚书正义》与皮锡瑞《今文尚书考证》断句。参见皮锡瑞撰，盛冬铃、陈抗点校：《今文尚书考证》，北京：中华书局，1989年，第73—74页。

以能够将这些后世仰望而难及的举措成功地付诸实施,当然有赖于他那源自孝意识的超常时机化能力。他的成功就是尧的成功,也是孝道政治或天时化政治的成功。这种成功特别鲜明地体现在他的诗乐之教中。

"诗言志,歌永言,声依永,律和声"(《尚书·尧典》),四个分句次递粘连,将诗之音声乐意表达得回旋而上。由此而使人进入"直而温,宽而栗,刚而无虐,简而无傲"的中和境界,于是"八音克谐,无相夺伦,神人以和"(《尚书·尧典》),"祖考来格,……《箫韶》九成,凤凰来仪"(《尚书·皋陶谟下》),充满了尧舜时代的大美意境。无怪乎,"孔子谓颜渊曰:'《尧典》可以观美'"(《尚书大传》);"子谓《韶》:'尽美矣,又尽善也'"(《论语·八佾》)。

四、"禅让"与"子继父"为何"其义一也"?

孔子和儒家一方面极力讴歌尧舜的政治成就,包括其禅让(贤贤),另一方面又似乎完全认同周制或夏商周三代的父子或亲属继承制(亲亲),其中原因何在?既然本文论证尧舜政治以孝为本,那么孟子引述的孔子言"唐、虞禅,夏后、殷、周继,其义一也"(《孟子·万章上》),也必与孝道政治有关。但其中似乎有些委曲,还需仔细梳理方可现其义。

先来看唐虞禅让中的亲亲与孝道的位置。当尧亟须人才和继位者时,大臣推荐了尧的儿子朱,但尧一口回绝了,后来又选拔了不属自家亲属①且尚在民间的虞舜。由此看来,尧似乎用贤贤顶替了亲亲。但是,如果我们承认亲亲原则中包含了孝道②,甚至以孝道为要义的话,那么尧就根本没有放弃亲亲,反倒是在深刻意义上实现着亲亲。如上所引述过的,孝在于"善继"和"善述"先人之志之事,而尧的先人,如《史记·五帝本纪》所载,皆深愿本家族能够长久生存、繁荣兴旺,其事业无不是为此目标而创就。如尧之父高辛:"聪以知远,明以察微。顺天之义,知民之急。仁而

---

① 按有的说法,比如《世本》,舜与尧一样都是黄帝的后裔。但是,无论出于什么原因,或者此说法本身不成立,或者由于舜与尧的亲缘关系隔代已久,早已不复存在,舜当时肯定不属于可能的帝位继承人的范围。也正因如此,他娶尧的女儿才没有礼义上的问题。有关辨析可见《尚书正义》《尚书今古文注疏》中的疏解。

② "仁者人也,亲亲为大。"(《礼记·中庸》)"亲亲而仁民"(《孟子·尽心上》),"亲亲,仁也"(《孟子·告子下》)。同时,"孝悌也者,其为仁之本与!"(《论语·学而》)。可见孝与亲亲内相关。

威，惠而信，……历日月而迎送之，明鬼神而敬事之。"但尧发现自己的儿子朱不忠不信、顽凶争讼，如让他接位，"必将坏其宗庙，灭其社稷，而天下同贼之，故尧推尊舜而尚之"（《尚书大传》）[1]。也就是说，如果尧遵循表面上的亲亲原则，允许朱登位，则必将毁灭真实的亲亲原则，因为此子将如后来的桀纣那样，给整个家族和国家带来灭顶之灾，由此而陷自身于大不孝之罪责。

这时，对于尧来说，贤贤反倒是拯救亲亲的最佳选择，因为让大贤大圣接位，不仅社稷保存、国家兴旺，而且本家族、包括朱本人都能得其所哉。朱于其封地丹[2]，得保家族统续。况且舜成为尧之婿，亦有外戚之谊。以这种方式，尧成为孝子、慈父和圣祖，在具体的情势中最有效地实现了亲亲。但其中的关键就是接位者必须是真贤者，所以尧不惜以二女嫁给这"侧陋"的鳏夫舜，以确认其孝行之真。此为深思熟虑之举。如舜孝为伪，则二女不得佳偶而已，尧将另行寻觅可接位者；如舜孝为真，则不仅存社稷，且旺家族，二女亦得其归宿。可见尧之思之行，自始至终皆不离孝道亲亲，贤贤只是此孝亲的一种方式而已。因此，"其义一也"，都是以孝道为源，以"亲亲而仁民"（《孟子·尽心上》）为宗旨。

按孟子在《孟子·万章上》里的讲法，尧本人是不能将天下私自给予舜的，此传位乃"天与之"。也就是说，尧只能向天推荐舜，而无言之天主要是通过百姓之民的接受与否来显示其意。"《太誓》曰：'天视自我民视，天听自我民听'，此之谓也。"上面的分析也暗合这个意思，即在尧面临的形势中，贤贤是最佳方案，或天意所在，不由尧的私意可改变。换言之，即便尧从形式上传位于朱，也不会成功。但孟子也意识到没有现成的民意和天意，似乎也就因此而没有像古希腊的某些城邦和近现代的不少西方国家那样，设计一套选举制度来构造出民意，也没有设计禅让制，[3] 而是突出

---

[1] 皮锡瑞撰，盛冬铃、陈抗点校：《今文尚书考证》，北京：中华书局，1989年，第28页。
[2] 《史记·五帝本纪》："尧子丹朱，舜子商均，皆有疆土，以奉先祀。服其服，礼乐如之。以客见天子，天子弗臣，示不敢专也。"又《汉书·律历志》："尧使子朱处于丹渊为诸侯。"《史记正义》引《荆州记》："丹水县在丹川，尧子朱之所封也。"估计封朱于丹应发生在尧已选用舜之后，这之前朱可能为"胤子"，郑玄解作"胤嗣之子"。
[3] 西方的个人投票选举制所表达出的民意，是不是天意？有没有更好的方法来体现民意和天意？这些都是可以再争论和思考的问题。关于中国历史上后来出现的禅让思潮和某种制度摸索，尤其是其中对民意的操纵，可参见杨永俊：《禅让政治研究》，北京：学苑出版社，2005年。

了天意与民意的生存时间性，由此而解释禅与继的关系。

他首先将唐虞禅与夏后继的区别归为诸帝儿子的素质，尤其是被推荐者辅佐前帝的时间长短。"丹朱之不肖，舜之子亦不肖，舜之相尧、禹之相舜也历年多，施泽于民久；启［禹之子］贤，能敬承继禹之道，益［禹推荐的接位者］之相禹也历年少，施泽于民未久。"而且，孟子认为儿子贤还是不贤，被推荐者相佐时帝的时间长短，都是天然，"皆天也，非人之所能为也"，所以尧舜就成功地禅位了，而禹就没有做到禅位，启却是按天意成功地继位了。"天与贤则与贤，天与子则与子。"两者在"天与之"这一点上，乃至在接位者或初继位者皆贤者这一点上，"其义一也"。

相佐的时间长短乃历史情势造就，并非当事人能操纵，所以可视为天之所为（"莫之为而为者天也"）的时间。而涉及儿子的贤与不贤，其天为性或天然性似乎也可以有隐约的时间性解释。比如，尧与舜之子都是在父亲接重任或起码是受到重用后成长起来的，而禹之子启出生后，禹一直在外辛劳治水多年，"劳身焦思，居外十三年，过家门而不敢入"（《史记·夏本纪》）。前者在童年、少年时期就有父辈的庇荫，而后者在很大程度上没有，以至于在一定程度上造成了"丹朱傲"而"启贤"的差异。

然而，"天与之"或"天时与之"之说还有进一步深化的必要，因为它还需能解释为什么孔子这样的圣人不能得位，而一些似乎算不上贤者的人却能在位的现象。于是孟子又说道："匹夫而有天下者，德必若舜、禹，而又有天子荐之，故仲尼不有天下。"孔子不得位，因为除了有圣贤之德外，还有一个"天子荐之"的必要条件。但孔子这样的圣人得不到荐选，说明这时的天子已经不是圣贤了。而非圣贤（但也并非大奸大恶者）能够做天子的合理性，就在于另一种天意，即"继世以有天下，天之所废必若桀纣者也，故益、伊尹、周公不有天下"。意思是，一旦继世或子继父的传位体制形成，那么依其历史惯性或历时传统造就的合法性，除了像桀纣那样的极恶者，儿子就都有资格来继承父位，因此像伊尹就不能替代太甲，周公也不能替代年幼的成王而自立为王了。总之，天意和民意是与时偕行、随时而变的，天意就是原本的天时。

正因为这天意从根本上讲是天时，而不是天规天条，所以它可以有相当不寻常的，甚至是"非常异义可怪"① 的天时呈现。比如，对于那些在其位而又残暴的君主帝王，乃至他们代表的王朝，百姓有权奉天意而革其命。"闻诛一夫纣矣，未闻弑君也。"（《孟子·梁惠王下》）更惊人的是，按《春秋》公羊学的解释，像孔子这样的圣人不但可以，甚至应该自立其王位。何休讲："孔子以《春秋》当新王，上黜杞，下新周而故宋。"② 而孟子似乎也早有此意思了："世衰道微，邪说暴行有作，臣弑其君者有之，子弑其父者有之，孔子惧，作《春秋》。《春秋》，天子之事也，是故孔子曰：'知我者其惟《春秋》乎，罪我者其惟《春秋》乎！'"（《孟子·滕文公下》）说孔子作的《春秋》乃"天子之事"，好像就是将孔子放到一个"新王"或"天子"的地位上了；而记述孔子坦承"罪我者其惟《春秋》乎"，又摆明了一位民间圣者在非常的时刻——"世衰道微"之时——自作新王的困难情境。

总之，要理解孟子讲的禅位与继位"其义一也"的主张，只有将所有这些天时天意的表现方式，而且本质上还要更多的历史化和时间化的方式考虑到，才会是恰当的，不然可能会误以为孟子是在为继位制辩护，而这对于他这样一位"言必称尧舜"、尤其是对于舜孝之义倾注了相当深入思考的伟大思想者，是莫大的讽刺。

如果将这一节的讨论与以上诸节的内容结合起来看，就可知道，联系禅位与继位的那个"一"，是天时，而这天时之根，还是扎在孝道预设和加强的人类时间意识中。因此，"尧舜之知不遍物，急先务也；尧舜之仁不遍爱人，急亲贤［亲亲而贤贤］也"（《孟子·尽心下》）。

（原载于《文史哲》2014 年第 2 期）

---

① 公羊寿传，何休解诂，徐彦疏，浦卫忠整理，杨向奎审定：《春秋公羊传注疏》，北京：北京大学出版社，1999 年，第 4 页。
② 公羊寿传，何休解诂，徐彦疏，浦卫忠整理，杨向奎审定：《春秋公羊传注疏》，北京：北京大学出版社，1999 年，第 363 页。

良知与孝悌
——王阳明悟道中的亲情经验

耿宁先生大作《人生第一等事：王阳明及其后学论"致良知"》论证王阳明有三个良知学说。第一个是在贵州龙场悟道后产生的知行合一的良知说，按照这一学说，良知是一种"向善的情感或向善的倾向（意向）之自然禀赋意义上的'本原能力'，例如对亲属的爱、对他人所遭遇不幸的震惊、对他人的尊敬和对不义行为的厌恶"①。第二个是在江西平叛并受诬陷后产生的"致良知"说，即"'本原知识'不是作为某种情感或倾向（意向），而是作为直接的、或多或少清晰有别的对自己意向的伦理价值意识"②。第三个则是"始终完善的"良知本体，即始终处于"本己本质［本体］"③ 之中的良知。

耿先生承认，王阳明本人对于这"三个不同概念的陈述实际上并不明确"④，比如第一个概念在后两个概念出现后，仍然存在，"以至于在这个时期（阳明晚年）的陈述中有可能出现所有这三个概念"⑤。这是符合实际情况的。王阳明后学或研究者总愿意将阳明思想分成几个阶段，但无论是钱德洪的、黄弘纲的，还是耿先生的，似乎都不那么完满。这并不说明这类区分没有意义，相反，它们提供了我们理解阳明学说的一些抓手，促使人们在争论中深化对此学说和实践的理解。

---

① ［瑞士］耿宁：《人生第一等事：王阳明及其后学论"致良知"》，倪梁康译，北京：商务印书馆，2014年，第344页。
② ［瑞士］耿宁：《人生第一等事：王阳明及其后学论"致良知"》，倪梁康译，北京：商务印书馆，2014年，第344页。
③ ［瑞士］耿宁：《人生第一等事：王阳明及其后学论"致良知"》，倪梁康译，北京：商务印书馆，2014年，第344页。
④ ［瑞士］耿宁：《人生第一等事：王阳明及其后学论"致良知"》，倪梁康译，北京：商务印书馆，2014年，第346页。
⑤ ［瑞士］耿宁：《人生第一等事：王阳明及其后学论"致良知"》，倪梁康译，北京：商务印书馆，2014年，第344页。

本文想就耿先生讲的第一个概念和后两个概念，特别是第二个概念之间的关系做一点粗浅的探讨，集中在"对亲属的爱"这种自然良知与致良知及良知本体的关系。我希望能够从王阳明的人生经验和良知学说两个方面来表明，这种爱，特别是孝悌之爱，不外在于第二个良知概念，也不可能被后两个良知概念超越，而可以甚至就是它们的发端和导引。

一、 与悟道相关的亲情经验

王阳明有过两次重要的悟道，让他获得了对良知自足性的明证体验。一次是在贵州龙场，一次是因平宸濠之乱受到猜疑诬陷之时。而我们从《年谱》等传记资料上看到，在导致这两次体验的人生经验中，孝亲经验是相当突出的。

阳明之所以能够有第一次悟道，与他自小具有的干"人生第一等事"的抱负有关系，正如耿先生所明示的。经历患难的人很多，但能够借此因缘而悟道者是罕见的。正因为这个要做圣人的志向，他无所不用其极地尝试各种求道方式，无论是"格竹子"① 也好，入山静修也好，与道士、和尚们交往也好。

《年谱》记载，王阳明在其31岁时，即明孝宗弘治十五年（1502年），从朝廷的官职上"告病归越，筑室阳明洞中，行导引术。久之，遂先知"②。这次修行既是为了养病，包括因"格竹子"一类追求导致的病，也是为了获得内在的"结圣胎"③ 的意识体验。如他所言"养德养生，只是一事"④。通过行导引术，他获得了"先知"的能力。虽然阳明后来认为这也只是"簸弄精神"⑤，不是求道的正途，但得到这种能力于他进入自意识的更深境

---

① [瑞士] 耿宁：《人生第一等事：王阳明及其后学论"致良知"》，倪梁康译，北京：商务印书馆，2014年，第96页。
② 王守仁：《王阳明全集》，吴光、钱明、董平、姚延福编校，上海：上海古籍出版社，1992年，第1225页。
③ [瑞士] 耿宁：《人生第一等事：王阳明及其后学论"致良知"》，倪梁康译，北京：商务印书馆，2014年，第91页。
④ 王守仁：《王阳明全集》，吴光、钱明、董平、姚延福编校，上海：上海古籍出版社，1992年，第187页。
⑤ 王守仁：《王阳明全集》，吴光、钱明、董平、姚延福编校，上海：上海古籍出版社，1992年，第1226页。

界，肯定有重大意义。因为没有意识的高度专一和内敛及在某种程度上的"廓清心体"①，要先知绝无可能。所以，正是这次阳明洞的修行使他认可了"阳明"这个称号，不但为他的龙场大悟做了意识准备，而且促使他在那之后的"居滁"期间，主教学生们"静坐"②。

这次修行还让他差一点出世，"已而静久，思离世远去"③。如果此"离世远去"实现了，那么我们就看不到一个儒家的王阳明了。它之所以没有被实施，是因为王阳明对亲属的爱或他的孝亲良知阻止了他。"惟祖母岑与龙山公在念，因循未决。久之，又忽悟曰：'此念生于孩提。此念可去，是断灭种性矣。'"④当他于久静中得到内在的、特殊的，甚至是卓越的意识体验时，他为之吸引，觉得真理和生命意义就在其中，于是想离世远去。这时，只有一个念头让他无法做出最后决断，那就是对祖母和父亲的亲情之念。修道求佛之人会最终克服这种尘世之念，但对于王阳明这么一位要做人生第一等事、意识感受极其敏锐的人来说，这一"俗"念却无论如何斩不断，而且令他忽然有了一个"悟"，即这个念头虽然不如"先知"那么高妙特异，却是"生于孩提"，出于人最天然、最稚气纯真的心灵经验。所以，"此念可去，是断灭种性矣"。如果去掉了这个念头，人之为人的"种性"就断灭了，那么一切高级意识能力和境界也就都会失去它们的人性意义。

耿先生正确地指出了这里"种性"的佛教色彩。"在第八识（最深的心识，'种子识'）中原初存在的（'天生的'）向善之秉性（'种子'）。"⑤由此可见阳明对佛教（这里指唯识宗）的熟稔。但他对唯识学所讲阿赖耶识（又名第八识或种子识）的无漏种因，却做了孝意识的解释！孝情牵念乃是

---

① 王守仁：《王阳明全集》，吴光、钱明、董平、姚延福编校，上海：上海古籍出版社，1992年，第1231页。
② 王守仁：《王阳明全集》，吴光、钱明、董平、姚延福编校，上海：上海古籍出版社，1992年，第105页。
③ 王守仁：《王阳明全集》，吴光、钱明、董平、姚延福编校，上海：上海古籍出版社，1992年，第1226页。
④ 王守仁：《王阳明全集》，吴光、钱明、董平、姚延福编校，上海：上海古籍出版社，1992年，第1226页。
⑤ [瑞士]耿宁：《人生第一等事：王阳明及其后学论"致良知"》，倪梁康译，北京：商务印书馆，2014年，第105页。

人的种性所在，像"瀑流"一样势不可挡，自发自行，因此是不可断灭的。由此看来，这次"忽悟"与后来龙场的"中夜大悟格物致知之旨"① 之"大悟"，应该是有内在关系的，后者只是对"种性"心体的更澄然完整的自觉而已。没有前者，后者不会出现。

《年谱》接着记载，阳明在一佛寺中唤醒三年坐关、不语不视的禅僧，用的也还是这个"念"。"僧惊起，即开视对语。先生问其家。对曰：'有母在。'曰：'起念否？'对曰：'不能不起。'"② 这个"起念"与阳明自己在道家式的坐关中的"念"一样，乃人的良知本性的油然喷发，"不能不起"，所以阳明深知它的本体性，也就能轻车熟路地以"爱亲本性谕之"③，以至该僧"泣谢"归家。阳明后来多次讲到"二氏［道家与佛家］之学，其妙与圣人只有毫厘之间"④，而这"毫厘"处正是最要害处，失则差之千里。由此更见得那个"孝亲之悟"在阳明身上的持久效力。

引导阳明朝向龙场悟道的经历中，也有孝亲之念的关键地位。正德元年（1506年），他在朝廷上仗义执言，被廷杖四十，谪贵州龙场驿任驿丞。太监刘瑾衔恨不已，派人跟踪，图谋杀害。机警的阳明诈死而暂时脱困，乘一艘商船出游，遇台风至福建地界。山寺中遇到一位二十年前的故人，按《行状》所记是一位道士，但《年谱》却只说是一位奇特的人（"异人"）。"寺有异人，尝识于铁柱宫，约二十年相见海上；至是出诗，有'二十年前曾见君，今来消息我先闻'之句。"⑤ 看来阳明的先知能力还比不上这位能在二十年前就预晓此次会面的人。而且，正是他的先知能力助阳明再一次战胜离世远去的意图。"与论出处，且将远遁。其人曰：'汝有亲在，

---

① 王守仁：《王阳明全集》，吴光、钱明、董平、姚延福编校，上海：上海古籍出版社，1992年，第1228页。
② 王守仁：《王阳明全集》，吴光、钱明、董平、姚延福编校，上海：上海古籍出版社，1992年，第1226页。
③ 王守仁：《王阳明全集》，吴光、钱明、董平、姚延福编校，上海：上海古籍出版社，1992年，第1226页。
④ 王守仁：《王阳明全集》，吴光、钱明、董平、姚延福编校，上海：上海古籍出版社，1992年，第36页。
⑤ 王守仁：《王阳明全集》，吴光、钱明、董平、姚延福编校，上海：上海古籍出版社，1992年，第1227页。

万一瑾怒逮尔父，诬以北走胡，南走粤，何以应之？'"① 阳明要借自杀假象的雾霭而"远遁"，不然难以保全性命。但奇怪的是，这位世外高人却以"汝有亲在"为由来劝阻阳明，预测阳明的"远遁"会招致父亲乃至家族的灾祸②，于是阳明又动孝念，不忍以自己生命的保全招致父亲的不幸。这种预测是否完全准确，也难于绝对认定，但由它影响的下一步行动则关系到身家性命。于是，此异人或阳明本人就诉诸使人先知的经典《周易》来决疑。"因为蓍，得《明夷》，遂决策返。先生题诗壁间曰：'险夷原不滞胸中，何异浮云过太空？夜静海涛三万里，月明飞锡下天风。'因取间道，由武夷而归。时龙山公官南京吏部尚书，从鄱阳往省。十二月返钱塘，赴龙场驿。"③《明夷》[下离上坤] 好像就在描述阳明所处的情境，并给他以指示。《明夷·象》这么说明"明夷"（光明受到伤害）的含义："明入地中，'明夷'；内文明而外柔顺，以蒙大难，文王以 [用] 之。"（《周易译注》的白话文翻译："光明 [内卦离] 隐入地 [外卦坤] 中，象征'光明殒伤'；譬如内含文明美德、外呈柔顺情态，以此蒙受巨大的患难，周文王就是用这种方法度过危难。"）④ 而此卦的卦辞还有"利艰贞"（利于在艰险中坚守正道）之语。《明夷·彖》的相应解释是："晦其明也；内难而能正其志，箕子以之。"（《周易译注》的白话文翻译："要自我隐晦光明；尽管身陷内难也能秉正坚守精诚的意志，殷朝箕子就是用这种方法晦明守正。"）⑤ 由此，王阳明就决意放弃远遁的计划，在看望父亲之后，"赴龙场驿"。对亲人的爱又一次改变了他的人生轨迹，也因此改变了他的思想轨迹。

阳明龙场之悟，使他"始知圣人之道，吾性自足，向之求理于事物者误也"⑥。而这自足之"吾性"，与他早先讲的作为孝念的"种性"，应该是

---

① 王守仁：《王阳明全集》，吴光、钱明、董平、姚延福编校，上海：上海古籍出版社，1992年，第1227页。
② 王守仁：《王阳明全集》，吴光、钱明、董平、姚延福编校，上海：上海古籍出版社，1992年，第1408页。亦可参考《行状》。
③ 王守仁：《王阳明全集》，吴光、钱明、董平、姚延福编校，上海：上海古籍出版社，1992年，第1227—1228页。
④ 黄寿祺、张善文译注：《周易译注》，上海：上海古籍出版社，2007年，第208页。
⑤ 黄寿祺、张善文译注：《周易译注》，上海：上海古籍出版社，2007年，第208页。
⑥ 王守仁：《王阳明全集》，吴光、钱明、董平、姚延福编校，上海：上海古籍出版社，1992年，第1228页。

一个性。那个孝念促他放弃了保全个人性命之谋，为了父亲和家族将自身交给随时可以降临的生死之变。而他的龙场之悟，也正是在最后突破了个人的"生死一念"① 后达到的。"自计得失荣辱皆能超脱，惟生死一念尚觉未化，乃为石椁自誓曰：'吾惟俟命而已！'日夜端居澄默，以求静一；久之，胸中洒洒。……因念：'圣人处此，更有何道？'忽中夜大悟格物致知之旨，悟寐中若有人语之者，不觉呼跃，从者皆惊。始知圣人之道，吾性自足，向之求理于事物者误也。"② 看来，这次悟到的自足吾性，既是某种情感或倾向（意向），比如人的孝爱情感，也是"作为直接的、或多或少清晰有别的对自己意向的伦理价值意识"③，因为此情感的一再自觉就导致了对"吾性自足"或"对自己意向的伦理价值意识"的"知"。这就是儒家之悟与道佛之悟的不同。儒悟不仅是道德价值意识，也不仅是纯意识，而必有人伦情感，特别是亲子情感于其中；但这亲子情感在此又必有对自身的道德伦理价值的自觉意识、自足意识、种性意识，不然不成其为悟。阳明的第一个或情感化的良知领会之所以势必浸入第二、三个，原因就在于此。纯粹的孝爱乃至情，而至情即至性至理，而至性至理也必发乎至情，绝不会一片空寂。

就是在直接引出阳明"致良知"学说的平叛蒙谤经历中也可看到对亲人的情感。"先生赴召至上新河，为诸幸谗阻不得见。中夜默坐，见水波拍岸，汨汨有声。思曰：'以一身蒙谤，死即死耳，如老亲何？'谓门人曰：'此时若有一孔可以窃父而逃，吾亦终身长往不悔矣。'"④ 在这最艰险之时，他想到的不是个人生死——"死即死耳"，而是年老父亲的安危"如老亲何"。而他发自深心的要"窃父而逃"的愿望，与他自己以往要"离世"、要"远遁"的愿望，完全不是一回事，后者都被放弃了，而这个"窃父而

---

① 王守仁：《王阳明全集》，吴光、钱明、董平、姚延福编校，上海：上海古籍出版社，1992 年，第 1228 页。
② 王守仁：《王阳明全集》，吴光、钱明、董平、姚延福编校，上海：上海古籍出版社，1992 年，第 1228 页。
③ [瑞士] 耿宁：《人生第一等事：王阳明及其后学论"致良知"》，倪梁康译，北京：商务印书馆，2014 年，第 344 页。
④ 王守仁：《王阳明全集》，吴光、钱明、董平、姚延福编校，上海：上海古籍出版社，1992 年，第 1270 页。

逃"的愿望，尽管限于情势未能在对象化层次上实现，却是他"终身长往不悔矣"的。这就是致良知，其念出自孩提，不会被假冒，不会走偏，至诚至真且充满了"对自己意向的伦理价值意识"。

《年谱》又记："初，先生在赣，闻祖母岑太夫人讣，及海日翁［阳明之父］病，欲上疏乞归，会有福州之命。比中途遭变，疏请命将讨贼，因乞省葬。朝廷许以贼平之日来说。至是凡四请。尝闻海日翁病危，欲弃职逃归，后报平复，乃止。一日，问诸友曰：'我欲逃回，何无一人赞行？'门人周仲曰：'先生思归一念，亦似著相。'先生良久曰：'此相安能不著？'"① 王阳明得知祖母去世和父亲病重，不顾王命在身而"欲弃职逃归"，当时身边的门人弟子们无一人赞成。虽因又收到父亲病愈的消息而没有成行，但阳明事后对弟子们还是有此一问："你们为什么都不赞成我逃回到病危的父亲身边？"周仲回答道："您的思归之念，好像还是执着于外相了。"也就是，他认为王阳明过于执着于父子之情的外相，一定要在父亲临去世前赶回其身边，而未以君臣大义、社稷安危为重，将孝情升华到为国尽忠的大孝。王阳明思忖良久，说道："这个相怎么能不执着啊？!"换言之，对父亲之孝爱发于天性，自涌自流而全不算计其他。你说它是外相，那我哪能不执着它呢？!但细品阳明话的意思，他并不认为孝亲之相是外相，而是与人的良知实体无别的内相，摆脱了它，不管有多么堂皇的借口，也就断灭了人的种性和良知。此处"存在者"（Seiende）就是"存在"（Sein）本身，甚至更是存在本身。

二、 亲情经验即良知

王阳明的《传习录》集中表达了他对良知的见解。此集一开篇就是阳明与弟子及妹夫徐爱讨论，为什么《大学》旧本不应该被程朱改动。焦点在旧本的"亲民"应不应该被当作"新民"来念。这一段问答摘要如下：

爱问："'在亲民'，朱子谓当作'新民'，后章'作新民'之文似

---

① 王守仁：《王阳明全集》，吴光、钱明、董平、姚延福编校，上海：上海古籍出版社，1992年，第1277页。

亦有据；先生以为宜从旧本作'亲民'，亦有所据否？"先生曰："'作新民'之'新'是自新之民，与'在新民'之'新'不同，此岂足为据？……'亲民'犹孟子'亲亲仁民'之谓，亲之即仁之也。百姓不亲，舜使契为司徒，敬敷五教，所以亲之也。尧典'克明峻德'便是'明明德'；以'亲九族'至'平章协和'，便是'亲民'，便是'明明德于天下'。又如孔子言'修己以安百姓'，'修己'便是'明明德'，'安百姓'便是'亲民'。说'亲民'便是兼教养意，说'新民'便觉偏了。"①

阳明论证旧本的"亲民"为正解，除了文字上的一些辨析外，更从儒家义理上找根据。"'亲民'犹孟子'亲亲仁民'之谓，亲之即仁之也。"这正是孔孟、子思的一贯之论。孔子曰："君子笃于亲，则民兴于仁。"（《论语·泰伯》）孟子曰："亲亲，仁也。"（《孟子·告子下》）又道："亲亲而仁民，仁民而爱物。"（《孟子·尽心上》）《中庸》引孔子话："仁者人也，亲亲为大。"它们无可辩驳地表明，儒家正宗认定、坚持亲亲与仁德的内在关联，而其中孝悌更是达到仁德的亲亲之道，故有"孝弟也者，其为仁之本与"（《论语·学而》）之说。阳明据此来表明《大学》开篇的所谓三纲领——"《大学》之道，在明明德，在亲民，在止于至善"，正是理当要揭示这个儒家最重要的纲领，无足怪也。又引《尚书·尧典》来将"明明德"和"亲民"并提，表现它们之间的相关性。而正如耿先生注意到的，"明明德"与阳明的第一个良知学说有极大关系，"明德"就相当于"良知"②，"明明德"就相当于阳明讲的"格物致知"③乃至"致良知"。阳明印证龙场大悟的《五经臆[忆]说》如此解释《周易·晋·象》的"明出地上，晋[下坤上离；'明夷'的反对卦]，君子以自昭明德"："日之体本无不明也，故谓之大明。有时而不明者，入于地，则不明矣。心之德[孝乃此德之本]本无不明也，故谓之明德。有时而不明者，蔽于私也。去其

---

① 王守仁：《王阳明全集》，吴光、钱明、董平、姚延福编校，上海：上海古籍出版社，1992年，第2页。
② [瑞士]耿宁：《人生第一等事：王阳明及其后学论"致良知"》，倪梁康译，北京：商务印书馆，2014年，第128页。
③ [瑞士]耿宁：《人生第一等事：王阳明及其后学论"致良知"》，倪梁康译，北京：商务印书馆，2014年，第129页。

私，无不明矣。日之出地，日自出也，天无与焉。君子之明明德，自明之也，人无所与焉。自昭也者，自去其私欲之蔽而已。"① 由此可见，阳明这里对"亲民"的解释——"孟子'亲亲仁民'之谓，亲之即仁之也"——与他那表现为"明德"的良知说乃至"明明德"的格物致知说是相关的。"明明德"，并非在让个体的明德彰显，而首先是让仁德的根——"亲亲"之德彰显出来。所以他才会一再坚持《大学》的"亲民"的"亲"义，绝不允许"亲"被程朱"新"掉。无亲之明，不是真明。

由此就可以理解为何他讲到"良知""心之本体""心即理"，几乎每次举的人事之例总以孝悌为首。如："知是心之本体，心自然会知：见父自然知孝，见兄自然知弟，见孺子入井自然知恻隐，此便是良知不假外求。若良知之发，更无私意障碍，即所谓'充其恻隐之心，而仁不可胜用矣'。然在常人不能无私意障碍，所以须用致知格物之功胜私复理。即心之良知更无障碍，得以充塞流行，便是致其知。知致则意诚。"② 这虽然可在一定程度上被看作在解释孟子的"良知""良能"说（《孟子·尽心上》）③，但其中更充溢着阳明自家的良知领会，比如用"知是心之本体"来进一步说明良知良能的可能性，并明确点出人（而不仅是孩童）"见父自然知孝……"的良知呈现。还解释了此良知不能呈现的原因——"私意障碍"，以及通过致知格物来去障胜私，以致人之良知的正途。总之，这里已经有了或起码隐含了后期的致良知说，而见父知孝、见兄知悌正是引领此说的原初经验。

他阐发"心即理"时，同样诉诸孝悌经验。请看《传习录》开头不久的这一著名段落：

> 爱问："至善只求诸心，恐于天下事理有不能尽。"先生曰："心即

---

① 王守仁：《王阳明全集》，吴光、钱明、董平、姚延福编校，上海：上海古籍出版社，1992年，第980页；[瑞士] 耿宁：《人生第一等事：王阳明及其后学论"致良知"》，倪梁康译，北京：商务印书馆，2014年，第128—129页。
② 王守仁：《王阳明全集》，吴光、钱明、董平、姚延福编校，上海：上海古籍出版社，1992年，第6页。
③ 《孟子·尽心上》："人之所不学而能者，其良能也；所不虑而知者，其良知也。孩提之童无不知爱其亲者，及其长也，无不知敬其兄也。亲亲，仁也；敬长，义也。无他，达之天下也。"

理也。天下又有心外之事，心外之理乎？"……"……今姑就所问者言之：且如事父不成，去父上求个孝的理……都只在此心，心即理也。此心无私欲之蔽，即是天理，不须外面添一分。以此纯乎天理之心，发之事父便是孝，发之事君便是忠，发之交友治民便是信与仁。……夏时自然思量父母的热，便自要去求个清的道理。这都是那诚孝的心发出来的条件。却是须有这诚孝的心，然后有这条件发出来。譬之树木，这诚孝的心便是根，许多条件便是枝叶，须先有根然后有枝叶，不是先寻了枝叶然后去种根。《礼记》言：'孝子之有深爱者，必有和气；有和气者，必有愉色；有愉色者，必有婉容。'须是有个深爱做根，便自然如此。'"①

此段可看作阳明心学的纲领性阐述。当他论证心即理、心外无事无理时，首先依据的还是孝父经验。这已经不仅是众例子中的一个例子，而更像是范例了。某人事父不成，问题不在他没有到作为对象的父亲那里找到孝的动机，而是他见父自然知孝的心体良知被私欲蒙蔽了。只要此心可以呈露，就像见孺子将入井而顿生恻隐之心，那么发之事父就是孝。所以原本就含诚孝的心或对父母的深爱是根，它会应机随时地发出和气、愉色、婉容的枝条。"这诚孝的心便是根，许多条件便是枝叶，须先有根然后有枝叶，不是先寻了枝叶然后去种根。"心之所以就是理，首先是因为我们的诚孝之心里面必定含藏着无数孝顺父母的理数，但不能反过来说，我们孝顺父母的理数里必定包含着诚孝之心。这是离我们最切近、最易被我们理解的心。说重些，这深爱父母之心对于阳明来说，不仅是孝顺行为的根，而且也是"心即理"之根。结合上一节中陈述的孝心在阳明人生经验中的关键地位，这一断言似乎并不过分。

阳明论述知行合一，虽然首先诉诸"好好色""恶恶臭"，但只要涉及人事，那么孝悌就总是首选。他说道：

……未有知而不行者。知而不行，只是未知。圣贤教人知行，正是安复那本体，不是着你只恁的便罢。故《大学》指个真知行与人看，

---

① 王守仁：《王阳明全集》，吴光、钱明、董平、姚延福编校，上海：上海古籍出版社，1992年，第2—3页。

说'如好色，如恶恶臭'。见好色属知，好好色属行。只见那好色时已自好了，不是见了后又立个心去好。……就如称某人知孝、某人知弟，必是其人已曾行孝行弟，方可称他知孝知弟，不成只是晓得说些孝弟的话，便可称为知孝弟。又如知痛，必已自痛了方知痛；知寒，必已自寒了；知饥，必已自饥了；知行如何分得开？此便是知行的本体，不曾有私意隔断的。圣人教人，必要是如此，方可谓之知。不然，只是不曾知。此却是何等紧切着实的工夫！①

"好好色""恶恶臭"是生理与心理还未分裂的经验，其中的知行——"见好色属知，好好色属行"——真真地合一不二。人见到好色时，肯定已经好它了，不用再立个心去好之，因为这里好（hǎo）就是好（hào），见好知好就是好好行好。恶恶臭也是一样。中文可以当场实现出这种知行经验的合一，所以《大学》用它们"指个真知行与人看"。而"知痛""知寒""知饥"也就从中得其知行合一的理解契机。如此"冲气以为和"的经验理解突入人伦境域便首先是"知孝""知弟"。它们也不只是心理的和观念的，同时也是生理的和行动的，总之是自发的、不由自主的良知良能，如果诚孝诚悌之心未被私欲隔断的话。圣人教人亲亲而仁，不是教什么道德原则，或从个别到普遍的德行，而是这等发自天良心体的知中行、行中知，一腔真情诚意。"此却是何等紧切着实的工夫！"这实在是揭示了孔孟之学的最真切处，将先秦儒学主流中的"亲亲而仁"的心性要害知痛知寒地开显了出来。

结　语

孝悌属于耿先生区分出的第一种良知，但它与这种区分中的第二种和第三种良知——致良知之良知和本体之良知——是内在相关的。② 所以我们不可以说第二种良知已经不是第一种良知了。孝悌之情本身就有"对自己意向的伦理价值意识"，就如同"见好色"中已经有了"好好色"一样，尽

---

① 王守仁：《王阳明全集》，吴光、钱明、董平、姚延福编校，上海：上海古籍出版社，1992年，第4页。
② [瑞士] 耿宁：《人生第一等事：王阳明及其后学论"致良知"》，倪梁康译，北京：商务印书馆，2014年，第344页。

管此价值意识的充分展示和自觉还需要更彻底的去私开显的功夫。孝悌也是良知本体的发动，而且是首要的发动，离开了它，并无良知本体可言。

或有人引《传习录》阳明致顾东桥书中所云来维持第一种和第二种良知的原则区别。阳明写道："良知良能，愚夫愚妇与圣人同。但惟圣人能致良知，而愚夫愚妇不能致，此圣愚之所由分也。"① 这里讲的良知良能，相当于耿先生分类中的第一种良知，即"本原能力"；而所谓致良知，则相当于该分类中的第二种良知，即"本原知识"，或"对自己意向的伦理价值意识"。愚夫愚妇只有第一种良知，而圣人有第二种，所以两者有原则的不同。此论不能成立，因为圣人之所以有第二种良知，以原本地具有第一种良知为前提，此为愚者与圣人之所"同"处。因此，不能因为有圣人与愚者之"分"，就认为第二种良知不再是第一种良知了。两者根基相同，都以孝悌为原初经验，圣人的特异只在让此良知良能成为更真实显露的良知良能而已，或更加明白地实现其自身而已。

何况，阳明写这段话的原意，正是要反驳顾东桥分离良知与致良知的倾向，强调两者本为一体。顾于来书中言道："所谓良知良能，愚夫愚妇可与及者。至于节目时变之详，毫厘千里之谬，必待学而后知。"② 他认为良知良能是愚者也有的，但唯有虞舜与武王这样的圣者能够临机变化（舜的"不告［父］而娶"，武王的"不葬［父］而兴师"③）而不失正道，而这种时中能力却要"学而后知"，不能靠良知良能达到。阳明以为不然。"节目时变，圣人夫岂不知？但不专以此为学。而其所谓学者，正惟致其良知，以精察其良知，以精察此心之天理，而与后世之学不同耳。吾子未暇良知之致，而汲汲焉顾是之忧，此正求其难于明白者以为学之弊也。"④ 也就是说，圣人能够"节目时变"，不是靠去学习如何能"节目时变"而达到的，

---

① 王守仁：《王阳明全集》，吴光、钱明、董平、姚延福编校，上海：上海古籍出版社，1992年，第49页。
② 王守仁：《王阳明全集》，吴光、钱明、董平、姚延福编校，上海：上海古籍出版社，1992年，第49页。
③ 王守仁：《王阳明全集》，吴光、钱明、董平、姚延福编校，上海：上海古籍出版社，1992年，第49页。
④ 王守仁：《王阳明全集》，吴光、钱明、董平、姚延福编校，上海：上海古籍出版社，1992年，第49—50页。

因为节目时变"不可预定"①，并非可以学习的对象。这么去"学而后知"就是"忽其易于明白者［良知良能］而弗由，而求其难于明白者以为学"②。忽视节目时变的源头，也就是那易于明白的良知良能，而去学那难于明白的东西。所谓致良知，就是改变这种遮蔽圣人之学千年的学而后知说，不去学那些难于明白的东西，而是要不离此良知良能地致此良知良能，就像大舜通过"终身慕父母"而行"不告而娶"（《孟子·万章上》）那样。"其［圣人］所谓学者，正惟致其良知，以精察此心之天理，而与后世之学不同耳。"③ 这种学才是那举一反三、一通百通之学："良知诚致，则不可欺以节目时变，而天下之节目时变不可胜应矣。"④ 此为阳明致良知本意，即不离良知这个本原能力地达到对它和相应万事的本原知识。焉有它哉？岂有它哉！

〔原载于《广西大学学报》（哲学社会科学版）2015年第2期〕

---

① 王守仁：《王阳明全集》，吴光、钱明、董平、姚延福编校，上海：上海古籍出版社，1992年，第50页。
② 王守仁：《王阳明全集》，吴光、钱明、董平、姚延福编校，上海：上海古籍出版社，1992年，第49页。
③ 王守仁：《王阳明全集》，吴光、钱明、董平、姚延福编校，上海：上海古籍出版社，1992年，第49页。
④ 王守仁：《王阳明全集》，吴光、钱明、董平、姚延福编校，上海：上海古籍出版社，1992年，第50页。

亲亲、爱的秩序与他者

——儒家与舍勒的共通与分歧

儒家讲"亲亲而仁民,仁民而爱物"(《孟子·尽心上》),又讲"一家仁,一国兴仁;一家让,一国兴让"(《大学》第九章)。为什么有这种从"亲亲"到"仁民",从"一家"到"一国"的迁移?这种迁移是被教化出来的,还是人原本就有这种倾向?它是一种良知或良能吗?历史上的乃至某些现代的儒家一直发现、关注、阐发和维护这种迁移,但是是不是说明了它的哲理机制呢?似乎还有很大的努力空间。而这种说明就关乎儒家在当今和未来的哲学气运。

舍勒的现象学伦理学可以帮助我们从哲理上理解和阐明这种迁移的根源和方式,尽管两边的分歧也是避免不了的。以下让我们先领略舍勒那些可以有助于儒家的地方,再来看一下两边在一个问题上的分歧。

一、亲亲可以有先天伦常价值

舍勒受到胡塞尔意向性现象学的启发,看出我们的意识经验一上手就已经含有原初的构造了,不是经验主义者讲的只是被动地接受感觉印象,然后通过联想将印象结合成事物观念。意向性学说主张,我们首先看到的已经是包括原可能性的"事物本身"了,比如这只杯子、这个柜子,而不只是它们所直接呈现的映射面。换言之,我的杯子知觉已经将我可以从后面、下面、里面等角度看这只杯子的"可能的看"蕴含于其中了。我听一段乐曲,听的每一瞬间不会只听到那个物理时间点的声音,势必会同时听到刚刚过去和马上要到来的声音,这些从物理角度说的在场和不在场的声音,现实的声音和可能的声音的共存并在,才让我听到了旋律而非杂音。因此,在看这只杯子、听这段曲子时,我看到听到的不只是现成的"这一个",而是可能的、包含"虚构"的这一个,所以从这一个,可以哪怕潜在地迁移到可能的那一个，乃至许多个。这就是从"感性直观"到"范畴直观"或"本质直观"的可能性所在。

但胡塞尔将这种从个别到普遍的迁移限制在价值中性的客体里了，因而与亲亲这种情感经验无关。按照他的经验分层说或"现象学的户口制"，必须先有表象，判断提供的客体或"存在户口证明"，然后才有情感或其他精神能力赋予价值的可能。如果是这样，那么亲亲的价值迁移就不可理解，因为这里面冒出了一个棘手的问题，即承载价值的客体如何把这个价值转移到另一个、许多个（可能是陌生的）客体？每个客体都有自己的独特性，它为什么会接受别的个体承载的价值呢？总之，客体在先、赋值在后使得价值从个别到一般的转移困难重重，而胡塞尔后期面对的说清主体间性如何可能的困难，也与这种客体优先论导致的主客分离乃至主体与主体的分离有关。康德的形式主义或普遍主义式的说明道德本性的方案，则从一开头就排除了亲亲经验。

舍勒把意向性学说对传统经验论的突破用来突破客体优先论。既然感觉印象对客体的直观优先地位不成立，为什么客体对价值的直观优先就成立呢？我们感受到价值的直观性毫不逊于感知客体的直观性。当我们吃一根香蕉时，我们是先吃到客体然后通过情感赋值给它以美味价值呢，还是一口下去就直接吃到了香蕉的美味呢？用王阳明的话说就是，我们是见了"好色"之后，再立个心去好她呢，还是一见这"好色"就好之了呢？"恶恶臭"也是如此（《传习录》卷上）。阳明当然认为见好色与好好色、闻恶臭与恶恶臭是同时发生的，不分先后，无所谓客体基础和上层价值之分。舍勒也是如此，还有过之，甚至认为价值先行于客体。我们对世界和事物的感知，难道不以原本意义上的好恶价值为底色吗？既然感知从头就是意向性的，不是完全被动地接收印象，那么它怎么会不受基底价值（比如习惯、风俗、流行时尚、生存目标等）的潜在影响呢？意向性其实就是向意性，而向意性说到底是向义性，而价值是意义最动人的形态，怎会不引领我们的意向化感知呢？

如果人与他人、与世界的关系是舍勒讲的这样，以价值为先天，引导着对客体的感知，那么"亲亲"中的价值转移到"仁民"，朝向更多的更外在的人们乃至事物（"仁民而爱物"），就说得通了。按照舍勒的说法，价值的本性是动态的，由好恶爱恨的方向造成的差异构成，被我们直接感受到。所以价值不同于相关的感受状态，它有强烈的非对象性的一面。饥饿是身体的感受状态，食欲是构造感性价值的行为。人们一般认为饥饿造成了食欲，但舍勒说，对于有的人，在某些时候，饥饿时可以没有食欲，如厌食症，而不饥饿时可以很有食欲，导致肥胖症。《礼记·檀弓》和《孟子》里都有"宁死不吃嗟来之食"的阐述。可见，价值或价值的行为有其独立的构造力，可以超出价值的对象。我们爱一个人，可以不在乎对方爱不爱自己，或不在乎对方是否还存在，可见爱只要真诚纯粹，就有非对象的自行能力、漫溢能力。亲亲是世间最真诚纯粹的爱，它当然有这种价值的流溢性、自行性，因此它必不会只限于爱对象化的亲人，而有向其他人流淌的先天倾向。由此，"亲亲而仁民，仁民而爱物"就得到了哲理上的初步论证。

舍勒讲的价值先天性，不意味着这价值与后天经验无关，而只意味着这价值不被经验对象或经验状态所决定，它有自己的独立天地，与人的天性相关。亲亲当然是经验，可以说是最亲近的经验，但因其至诚，其爱不待爱的对象而自构价值，是为孟子所谓"良能"也。

二、 价值、人格和爱的内在秩序

如果价值来自好恶制造的差异，伦常价值来自爱恨差异，那么价值的要害在于差异而不在于载体和对象，因而所有价值就都预设了差异。如何理解这种差异呢？它源自哪里呢？结构主义认为是语言符号结构形成的差异造成了意义（索绪尔），在舍勒这里，原初的意义就是价值，那么价值是由什么差异造成的呢？舍勒似乎没有向深处探索这个问题，比如像胡塞尔、海德格尔那样在现象学时间或时间性中找到原初的差异结构，而只是用"人格"来指示这个结构。对于人格，舍勒很有见地地断言它是完全不可对象化的，它是不同种类的本质行为的统一。[①] 他已经洞察到它与差异有根本

[①] 舍勒："人格是不同种类的本质行为的具体的、自身本质的存在统一，它自在地（因而不是为我们的）先行于所有本质的行为差异（尤其是先行于外感知和内感知、外愿欲和内愿欲、外感受和内感受以及爱、恨等等的差异）。人格的存在为所有本质不同的行为'奠基'。"参见［德］马克斯·舍勒：《伦理学中的形式主义与质料的价值伦理学》，倪梁康译，北京：生活·读书·新知三联书店，2004年，第382—383页（给出的页码是该书的边页码，也就是德文版的页码，下同）。

性的关系，所以不可被对象化、理念化、实体化，因此善恶——它们是人格价值——也不可作为观念对象或意义目标来把握，只能在伦常行为的"背上"被顺带出来，不然就会造成伪善或欺罔；但他似乎对于此要点缺少特别痛切、到底的体会，以至于还是用"存在统一"来概括它。

这种思想的夹生有一些后果，其中之一就是价值本身的等级划分。价值由差异造成，但这不意味着各种不同价值有上下高低的固定等级。这样的等级划分恰恰违背了价值的差异构造原则。

舍勒将价值分为四个等级：感性价值，生命价值，精神（内含美感、伦理和认知）价值，神圣价值。从中可见柏拉图和基督教的影响。区分不同的价值是必要的，但将它们排成价值种姓等级——有固定的上下之别——就失去了价值的原意。比如神圣价值已是顶级，它凭借什么差异来赢得自身的价值呢？只靠与低等价值的差异吗？那么它就只有靠它的实体自性才能维持这个差异，而这就违背了价值只生于差异的原则。当舍勒说人格是本质不同的行为的统一时，他的原意或许是强调所有价值，包括神圣价值都是在一个差异结构中产生出来的，但他的价值等级固化则等于将这个差异结构统一到了神圣价值或他心目中的最纯粹人格中来。这样，原本完全非现成的人格——它或许曾影响了海德格尔的"缘在"的思路——就开始被最高级化，或在这个意义上现成化了。

为什么感性价值（而非感受状态）就一定是最低级的呢？在王阳明心目中，恐怕"好好色，恶恶臭"这种感性价值行为与"见父自然知孝"这种伦常价值行为虽有差异，但在知行合一的本体上是没有固定的等级高低的。"好好色"的齐宣王，如果能与他人共之，即让他人好好色的感性价值冲动也得到满足，这感性价值行为——它让齐宣王感受到自发的价值构成，为他理解别人的相似行为打下价值基础——就可升华为伦常价值行为。生命价值为何一定低于精神价值和神圣价值呢？道家是不会同意这种等级固化的。为了一个神圣或精神的目标或判断，比如上帝对人类堕落的判断和提升世界价值等级的目标，就去用洪水、烈火来毁灭生命（《旧约·创世记》），一定可以得到辩护吗？

但是，说爱有其内在的秩序是对的，问题只是该如何理解它？爱（恨）和它创造的价值靠结构差异而形成，但这种差异不一定是固定的等级差异，也可以是远近差异、时间差异。仁者"爱人"(《论语·颜渊》),这爱一定源自差异,也一定有其内在秩序。仁爱必源自亲爱,这就是仁爱内含的先天秩序,以亲疏之别为前提;亲爱则来自代际时间差异,以生命时间特别是人类特有的深长生存时间为前提。可见,舍勒讲的爱的秩序——它以价值排序为根——是垂直的、层级化的和本质上静态的,以上帝或神圣人格为顶端;而儒家主张的爱的秩序基本上是横向的,有流动方向和落差的,有其源头,但没有现成的最高级,即使仁人和圣人也不能超越这源头。

舍勒也想减少人格和爱序的僵化,除了以上提及的对于人格的非对象化强调之外,他还主张人格与价值行为的互需互补。人格被这种行为不断地重塑,而行为之所以有价值可言,是因为有这个人格的存在。所有价值都生于差异中的意义流动,所以都涉入一个"抗拒着最终性"的"本质无限的过程"。① 此无限过程性"在单纯的享乐满足是加速变换对象,在最高的个体之爱则是益发深入'这一位'上帝之增长着的丰盈"。② 所以"最高"级,无论表现为最高价值、人格、爱序,都以上帝为极,而这上帝又不能是实体化的,所以只能是这个爱。③ 但爱只是试图将所爱"引入自己特有的价值完美之方向",是一种"营造行为和构建行为",④ 自身却不能完全占有和垄断这个"完美之方向"。这个方向永远带有一个原发的维度,不可能通过一个固定极点而获得,因为这个极点中再无差异。这是中国古代特别是先秦哲理的见地,于是就要讲"无极而太极""太极本无极";而通过阴阳来讲太极和爱之理,就是以非实体的、纯生成和"解构"的方式来领会终极的一种方式。

按照胡塞尔、海德格尔的研究,被我们直接体验到纯时间流本身就有意义,或就在生成原初的差异和意义。这是一个重大的哲理发现,与东方的比如奥义书,佛教和儒、道的基本见地相合。用舍勒伦理学的话语来讲,

---

① [德] 马克斯·舍勒:《爱的秩序》,孙周兴、林克译,北京:北京师范大学出版社,2017年,第108页。
② [德] 马克斯·舍勒:《爱的秩序》,孙周兴、林克译,北京:北京师范大学出版社,2017年,第109页。
③ [德] 马克斯·舍勒:《爱的秩序》,孙周兴、林克译,北京:北京师范大学出版社,2017年,第105页。
④ [德] 马克斯·舍勒:《爱的秩序》,孙周兴、林克译,北京:北京师范大学出版社,2017年,第103页。

就是意识时间、生存时间本身，无论多么纯粹、本然，也具有价值，也在构造着价值。其实，通过这种时间流来理解他讲的人格，要比通过一个最高级的上帝更合适。据说，舍勒后来放弃了天主教而改持泛神论，估计与他的上帝观中的这种矛盾有关。如果他后来也离开了现象学，那么其中一个原因恐怕就是他没有机会充分了解和消化胡塞尔的时间思想和后期的发生现象学。

儒家会完全赞同胡、舍、海的现象学见地，因为它或它们为其"亲亲而仁"的道统命脉做出了发生学的说明。亲亲是代际时间差异造成的意义或爱意生成，而且这爱意之流不是单向的，而是因其"时晕"本性前后叠加、纠缠或回旋着的。所以孝爱——对于慈爱的"回爱"①——是可能的，这一点将人类与动物区分开来。而且这亲亲之爱，因其最为原发和真诚，一定会明见地生成那些朝向良善的伦常价值行为，有助于健全人格的形成。特别是孝爱，因其是爱意的回流，是被动中潜藏和引发出的主动，是现象学时间晕结构的体现，所以最鲜明地体现出爱的构造伦理价值的先天能力（良能），由此受到儒家的极度器重，被视为"德之本""教之所由生"。

与舍勒讲的人对上帝的爱或上帝对人的爱——圣爱——相比，亲爱包括孝爱的特点离人的实际生命体验最切近，因而最为原发，最具有胡塞尔讲的直观明见性或舍勒讲的伦常明察性。实际上，亲爱还处在人生时间流的晕圈之中，亲子双方都不是独立的个体，而是参与构成生存意义和价值晕圈的留滞与前摄，或保持与预持。因此，列维那斯视家庭为"时间之源"②。而其他的爱，都可以看作是由亲爱衍生出的，已经不是爱意在原初意义（即"晕圈"意义）上的当场构成和呈现，而是再现。人要从亲爱中原知（良知）爱意和它构造的原价值，然后才能适当地爱他者，比如其他亲戚、邻里、乡人、国人，乃至神和上帝。而舍勒的爱序实际上要求人从爱上帝或感受到上帝之爱开始，由此明了什么是真爱。"每种爱都是一种尚

---

① [德] 马克斯·舍勒：《伦理学中的形式主义与质料的价值伦理学》，倪梁康译，北京：生活·读书·新知三联书店，2004年，第524—525页。
② [法] 列维那斯：《总体与无限》，朱刚译，北京：北京大学出版社，2016年，第299页。列氏写道："作为人的时间的源泉，家庭让主体性置身于审判之下的同时又保持说话。它是一种在形而上学上不可避免的结构。"

未完成的、常常休眠或思恋着的、仿佛在其路途上稍事小憩的对上帝的爱。"① 这是悖谬的，势必引出欺罔，即将本不在场的东西当作实际在场的，因为人不能带有明见性地直接体验到上帝之爱并产生相应的回爱，而只能通过经文、神父的讲解、教会的团体凝聚和其他经历来间接地体验它。这就为欺罔的出现、教会的操纵和团体的裹挟留下巨大空间。每个讲爱的学说、流派和社群都面临欺罔或伪爱的威胁，儒家也不例外，所以孔子对乡愿之儒、小人之儒非常警惕，《中庸》《大学》《孟子》都以各自的方式来"格物致知，诚意正心"，而亲亲之所以绝不可失，无论在任何时候和对于任何人，就是因为只有这种亲爱是最少有伪爱和欺罔可能的，是君子致诚的不二之道。

三、 共同体中与共同体间的他者

舍勒将社群单位也划分为四级，即大众、生命共同体、社会和人格共同体。② 这个分级粗略地对应于价值的四分。需要注意的是，它们都不是现实的社团，而只是组成社团的社群单位，所以一个现实社团比如一个乡镇或社区中，可以同时存在几个乃至全部社群单位。这四个单位有两个"共同体"，即生命共同体和人格共同体。生命共同体的典型例子是"家庭、氏族、民族"，它的形式首先是"婚姻、家庭和家乡团体"。③ 而人格共同体的典型例子是基督教教会。他当然（或想当然地）认为人格共同体最充分地体现了人格，因而是四个社群单位中最高级的。它的主要特点就是让个体人格和总体人格共存，互不干扰，甚至相互促进。一个共同体如果有共同的爱恨经历并形成了共同体验中心，而且符合人格定义（不同本质行为的存在统一），就算有了总体人格。社会由契约构成，只有个体人格但无总体人格。按照这种看法的逻辑，生命共同体应该有总体人格而无个体人格，而大众则谈不上有人格。但舍勒对生命共同体更严苛，视之为既无个体人

---

① ［德］马克斯·舍勒：《爱的秩序》，孙周兴、林克译，北京：北京师范大学出版社，2017年，第104页。
② ［德］马克斯·舍勒：《伦理学中的形式主义与质料的价值伦理学》，倪梁康译，北京：生活·读书·新知三联书店，2004年，第515—523页。
③ ［德］马克斯·舍勒：《伦理学中的形式主义与质料的价值伦理学》，倪梁康译，北京：生活·读书·新知三联书店，2004年，第535、537页。

格也无总体人格,只有某种凝聚性。而大众则是临时聚合,没有凝聚性。

这种对生命共同体或家庭和亲亲关系的歧视,是西方文化特别是柏拉图主义和基督教神学的特点。而舍勒贬低家庭和生命共同体的要害是否认它们有个体人格,因而它们的凝聚性也是打折扣的或"可代替"的。于是,他对生命共同体的一个指责就是"缺少任何对我的体验和你的体验的区分"①。换言之,这种共同体内因缺少独立的个体人格,所以没有人格意义上的我与你或我与他者的区别。而在舍勒看来,没有个体人格的共同体也不可能有总体人格,所以他也否认生命共同体的总体人格②,实际上是否认了生命共同体具有人格。

这一指责不成立,首先因为以家庭关系为领头的生命共同体中并不缺少个体人格。让我们看《孝经·谏诤章》中的一段话:

> 曾子曰:"……敢问子从父之令,可谓孝乎?"子曰:"是何言欤!是何言欤!昔者,天子有争臣七人,虽无道,不失其天下;……父有争子,则身不陷于不义。故当不义,则子不可以不争于父;臣不可以不争于君;故当不义则争之。从父之令,又焉得为孝乎!"③

亲子关系是最重要的家庭关系,其中不只是命令、教导和听从、顺应(这种认"孝顺"为"盲从"的误解在当代新儒家中也常见),而是有"义"的构成。"故当不义,则子不可以不争于父。""义(義)"字的繁体中有一个"我",表明义行必发自于我本人。"义者,我也;……义必由中断制也。"④ 此引文中的"义",就是在这个意义上使用的。而且,孔子的话既是在要求儿子要为义而争于父,同时又是从事实上肯定了这种义孝或孝义的确(可以)存在于家庭伦理关系中。从我们自己对家庭生活的体验和观察中,也可以肯定,孝子——深爱父母并与之共同经历伦理生活的子女——"为义争于父"之举与孝子的身份有内在关联。真爱父母者是爱其

---

① [德] 马克斯·舍勒:《伦理学中的形式主义与质料的价值伦理学》,倪梁康译,北京:生活·读书·新知三联书店,2004年,第515页。
② [德] 马克斯·舍勒:《伦理学中的形式主义与质料的价值伦理学》,倪梁康译,北京:生活·读书·新知三联书店,2004年,第517页。
③ 与之类似的记载还见于《礼记·内则》。孔子在《论语·里仁》里讲:"事父母几谏。见志不从,又敬不违,劳而不怨。"
④ 许慎撰,段玉裁注:《说文解字注》,上海:上海古籍出版社,1988年,第633页。

人格，最不愿看到的就是父母人格在"无义"中的沦丧，因此当其不义时就必有诤，尽管是极其委婉几微的诤，促成的是家庭和社会的"美善"（"羲"字中"羊"的含义）而不是亲子关系的破裂。这就说明，与父亲同处于家庭关系中的孝子，是肯定具有舍勒意义上的个体人格的，是它使得这孝子能够直接感受到"义"，因而要努力使父亲"不陷于不义"。

孔子还说道："人之其所亲爱而辟［偏（好）］焉，之其所贱恶而辟［偏（恶）］焉……好而知其恶，恶而知其美者……此谓身不修，不可以齐其家。"（《大学》第八章）人的对象化的喜爱和嫌恶不给好恶以独特性、自由性和自知之明，所以人对其所亲爱者就欺罔地偏好之，对其所贱恶者就欺罔地偏恶之；但原发的爱恨则赋予好恶以独立客观的精神价值，也就是喜爱一个人的同时却知其恶处或缺陷，而厌恶一个人的同时却能知其美善之处。通过"修身"，就能去除亲爱的失其本性的对象化倾向，也就是沉沦于"所亲爱"里，确立这亲爱中已经潜在的价值行为的先天独立地位，由此而还亲爱一个原本面貌，使家得以齐。因此，"此谓身不修，不可以齐其家"。修身之"身"中所明确具有的个体人格——它不同于个体性——保证了家的总体人格，而家的总体人格或家人格引导着修身，使之区别于道家的、墨家的或基督教的"修身"。

可见舍勒指责生命共同体"缺少任何对我的体验和你的体验的区分"，在这个肯定家庭关系中有个体人格的结论面前，就是完全站不住的了。家庭共同体中的确有他者意识，不然"子争义于父"如何可能呢？又由于家庭是我们这种人类的原凝聚方式，绝不缺少凝聚中心，表现为家风、家教、族谱、族规等，所以不乏个体人格的家庭共同体肯定是有总体人格的，是为家人格或家庭人格。由此，"一家仁，一国兴仁"也才说得通，因为家与国之间不是对象性的小集合与大集合的关系，那样的话，部分中的仁爱迁移为整体的仁爱就没有根据；而将这里讲的家与国看作家人格与国家人格的关系，从家到国的价值迁移之路就顺畅了，因为人格是非对象性的和具有价值传染性的。

另一方面，舍勒对以基督教教会为例子的人格共同体的赞美——"爱的共同体""最完美体现了人格性"——也有过誉之嫌。如前所述，圣爱的遥远高邈使得它需要解释，而教会和教义则占据了这种解释的核心地位，导致了这样一种非现象学化的情况，即信徒在没有自明的爱体验直观状态下的盲从。所以，教会或人格共同体尽管有超越性的精神追求和爱的内部凝聚，但一旦涉入教义解释和教会领导权的分裂时，凝聚的爱就转变为凝聚的恨，比如基督教教会内部对异端的残酷迫害，新教出现后导致的长期教派战争；又比如基督教教会与其他人格共同体（犹太教、伊斯兰教）之间长期的甚至还在继续的相互敌对、歧视和血腥冲突。所以舍勒本人在《伦理学中的形式主义与质料的价值伦理学》结束部分也谈到一种人格共同体（"最完善的、具有最高价值的和善的有限人格之间"）的"本质悲剧"。① 这说明，在舍勒所谓人格共同体之间，缺少他者意识及相应的伦理价值的构成，表现为宗教间没有或缺乏真实的宽容。

而儒家共同体因其扎根于无欺罔或少欺罔的亲爱及其人格关系中，所以反而有着共同体间的他者意识。历史上，儒家与其他宗教的关系，除了一些小摩擦之外，基本上是和平共处的，唐宋之后甚至有儒释道三教互补的倾向。这在西方宗教史上是不可能出现的，也不是近代以来由于政教分离而产生的某种宗教间宽容可以比拟的。我们遗憾地看到，"'文明'冲突"还在继续。关键就在于：从现象学角度看来，亲爱与圣爱有不同的经验素质或体验结构，所以亲爱与亲爱之间无根本冲突，而切断了与亲爱关联的圣爱与圣爱之间就有根本冲突。由此，就出现了一个需要我们认真思考的问题：未来的人类共同体究竟要以哪种共同体为自己生存的典范呢？是亲爱共同体还是人格共同体？

（本文系作者2017年在广州中山大学举行的"亲亲、友爱与正义"会议上发表的论文）

---

① ［德］马克斯·舍勒：《伦理学中的形式主义与质料的价值伦理学》，倪梁康译，北京：生活·读书·新知三联书店，2004年，第575页。

孝道的先天价值和人格性

——《孝经》与舍勒《价值伦理学》[①] 的对勘

孝有无道德性[②]？如果有，是什么意义上的道德性？

孝有文化际——超出了单个文化，但又不脱离具体的历史文化生活的道德性。此道德性既非功利主义、实用主义的，亦非康德式的形式化义务论的，而是一种以爱为根的、具有先天伦常价值与人格性的道德，被家人、族人、乡人、国人和人类以明见的代际方式直接感受到和实现出来。换言之，孝体现的道德既非相对主义的，也非形式绝对主义的，而是源于情感和情境的具有价值先天性的道德。

一、以往观点

（一）西方人：韦伯，罗素。

马克斯·韦伯："儒教伦理中完全没有拯救的观念。……他没有从恶或原罪（他对此一无所知）中被拯救出来的渴望。他唯一希望的是能摆脱社会上的无礼貌的现象和有失尊严的野蛮行为。只有对作为社会基本义务的孝的侵害，才是儒教徒的'罪孽'。"[③]

这种观点看到了孝对于儒家或儒教的根本性意义，侵害孝道被儒教伦理视为唯一"罪孽"。但它主张孝是中国文化或儒教伦理中的"社会基本义

---

① ［德］马克斯·舍勒：《伦理学中的形式主义与质料的价值伦理学》，倪梁康译，北京：生活·读书·新知三联书店，2004年。（以下简称"《价值伦理学》"）

② "道德性"或"伦理学"一般分两个层次：（1）支配人类行事的良性品格和规则。即人类群体或群体中的各层次个体——比如家庭、家族、村落乃至个人——在实际生活中表现出来的有益于群体长久生存的风俗、习惯、品格和规则。（2）对于这些伦理现象、品格和规则的理解和解释，特别指那些从道德或伦理现象中领会到的使之可能的东西。简言之，即那使得道德或伦理现象得以可能的根基品性。本文主要在这后一层次上使用"道德性"。

③ ［德］马克斯·韦伯：《儒教与道教》，洪天富译，南京：江苏人民出版社，1993年，第182—183页。

务",缺少超越性的"拯救观念"。这其实也是在暗示孝只是中国文化和社会的义务原则,没有超出个别文化和社团的普遍性。

罗素:"孝道和对家庭的普遍强调可能是儒家伦理学中最差劲的地方,是这个系统严重地偏离常识的唯一地方。家庭感情与公众精神相冲突,老辈们的权威增加了古代风俗的专横。"[1]

罗素这段话既代表了西方自由主义者对孝道和家庭的普遍看法,又与中国新文化运动的家庭观相互应和,与之共同造就了20世纪中国知识分子主流对自家文化特别是儒家的负面看法。从表面上看,它似乎表现了罗素对儒家尽量友好的态度,认为儒家里面只有孝和强调家庭这一点有问题,其余的绝大部分都合乎人的清明理智。但是,由于他抨击的恰是儒家乃至中国传统文化的根本和要害,所以其他所有的欣赏或体谅皆成梦幻泡影。而新文化运动后的现代新儒家(如熊十力),特别是港台或海外的新儒家,也似乎受到这种孝道观和儒家观的深刻影响,讲儒家义理时尽量避开孝道的根基地位。

(二) 当代中国人:新文化运动人士。[2]

朱岚:孝道是与西方文化不同的中国的文化特征。[3]

二、 孝和先天的含义

(一) 孝

1. "孝"之狭义:子女对父母或后代对亲缘前代的关爱、尊敬和追祭,对前代志业的继承光大,对家庭和家族血脉及其传统的健全延续。

2. 《孝经》的观点:孝乃"德之本","教之所由生"。(《孝经·开宗明义章》)

---

[1] Bertrand Russell: *The Problem of China*, New York: The Century Co., 1922, p. 36. Russell writes: "Filial piety, and the strength of the family generally, are perhaps the weakest point in Confucian ethics, the only point where the system departs seriously from common sense. Family feeling has militated against public spirit, and the authority of the old has increased the tyranny of ancient custom."

[2] 参见张祥龙:《家与孝》,北京:生活·读书·新知三联书店,2017年,第3章,其中列举了新文化运动人士对中国家庭乃至人类家庭的攻击,其中当然包括对孝道的拒绝。

[3] 朱岚:《中国传统孝道思想发展史》,北京:国家行政学院出版社,2011年,第1页。

此两点乃全经纲领，揭示孝深入人之道德、受教意识及人格本性的源发地位，意味无穷。西方人和中国现代人几乎皆错失其义。所以，从哲理上讲，关键是如何理解孝有如此深宏的"本"和"生"的地位。它为何首先还不是礼仪（祭祀）、规范、纽结、调适方法和简单的家族延续？

孝是点燃道德意识和可教性①的火种。因为它是原爱原敬的明见性行为，饱含内在的、回旋的伦常价值，可被所有人直观体验到，在构成和追随榜样（善继志、善述事）中激发出人格——既有"异己人格"，又有"本己人格"；既有"总体人格"，又有"个体人格"（皆为舍勒语）——生成的上升冲动。

> 爱亲者，不敢恶于人；敬亲者，不敢慢于人。爱敬尽于事亲，而德教加于百姓，刑于四海。盖天子之孝也。（《孝经·天子章》）

> 故天子至于庶人，孝无终始，而患不及者，未之有也。（《孝经·庶人章》）

> 夫孝，天之经也，地之义也，民之行也。……是以其教不肃而成，其政不严而治。（《孝经·三才章》）

《孝经》的要旨就是"本立而道［德、教］生"（《论语·学而》）。全书几乎一直在阐发孝如何可以引发其他德行和政治社会良效，所以它是一个与"天、地、民"相通的、"本体论"意义上的"本"，是"至德"（德之终极）和"要道"（道之要害），绝不止于一般意义上的伦理学。由此，它对中国历代儒者、官员和君主产生了莫大影响。这个作为至德和要道的根本，难道只是中国文化的产物而与文化际的人类本性无关吗？

（二）"先天"的含义

"先天"，指"良知、良能"（《孟子·尽心上》）活动的境域、结果和

---

① 海德格尔反省过西方的"可学/可教性"。他认为西方现代科技的要害是一种"数学因素"。什么是"数学因素"呢？它不等同于数学，尽管数字化是它的一种最鲜明的表现。按海德格尔的说法，这个词在希腊语境中，"其意为可学的东西，因而同时也有可教的东西之意"。参见［德］海德格尔：《现代科学、形而上学和数学》，《海德格尔选集》，上海：上海三联书店，1996年，第850页。在西方哲理中，它被深化为可学可教到极点的东西，即"那种'关于'物的其实已经为我们所认识的东西"。参见［德］海德格尔：《海德格尔选集》，上海：上海三联书店，1996年，第854页。有关讨论，可参见张祥龙：《技术、道术与家——海德格尔批判现代技术本质的意义及局限》，《现代哲学》，2016年第5期，第56—65页。孝引发的可学/可教性，虽然不像"数学因素"导致的那么僵硬和形式化，但也有自己的先天结构，比如天地、阴阳、男女、父母、子女的生成结构。周敦颐的《太极图》只是它的一种表现。

特征。孟子讲:"人之所不学而能者,其良能也;所不虑而知者,其良知也。孩提之童无不爱其亲者,及其长也无不知敬其兄也。亲亲,仁也;敬长,义也。无他,达之天下也[这没有其他原因,因为它们是通达天下的]。①"但这"不学而能""不虑而知"不是说与实际经验绝缘,相反,这先天的良能良知与人的感受经验内在相关,而且不只是将这经验当作特例、跳板,去呈现已经普遍化的良知,而是这良知在感受经验中即时地呈现,其所知比如伦常价值被明见地给予,被初次而完整地体现。所以这伦常价值就具有经验中涌现的先天性,也就是动态的独立性、先行性和自身结构性。它不是实用的、可计算的,或只是相对于现实状态如某个人群、文化和地理范围而有效。

只要这种良能良知不泯灭,人就可以凭借其对价值先天的感受,而不吃"嗟来之食"(《礼记·檀弓下》)。孟子则说:"二者不可得兼,舍鱼而取熊掌者也。……舍生而取义者也。"(《孟子·告子上》)——此为价值的先天级序。

要充分理解孝之人性、道德性和先天性,引入舍勒的伦理学可能会很有帮助。

三、舍勒《价值伦理学》论先天价值的感受和爱恨中的人格生成

(一) 感受与价值

"感受"是理解舍勒的现象学化的伦理学的关键。这感受不同于胡塞尔讲的"感知",但从思想方式上又源自胡塞尔开创的意向性现象学。胡塞尔发现,人在原初的意向行为,比如感知中意识到的不是感觉材料、映射面,而是意向相关项(意义和意向对象)。所以,"意识总是对某物[而不只是感觉材料和映射面]的意识"。它突破了经验主义和唯理主义对人的直观和感知的平面化和现在化的看法。舍勒在这一点上完全同意胡塞尔。但胡塞尔认为具有情感好恶倾向的意向活动不是原发的,而必须以表象(感知、想象)和判断这样的客体化行为提供的对象为基础,在二阶层面上对这些中

---

① 金良年:《孟子译注》,上海:上海古籍出版社,1995年,第277—278页。

性对象进行赋值，才能实现其价值。用近代的话语来说就是，"什么"必先于"应该"，"对象"必先于"价值"。

但按照舍勒的想法，"价值"是被人直接感受到的质料，即感受行为的意向相关项，不是通过对中性客体的再赋值而间接产生的。换言之，感受并不以感知等客体化行为及其产物（比如被感知状态）为前提，它可以构成自己的原初意义和对象；而且情况似乎是反过来的，感受尤其是它的浓烈形态即爱恨，倒是要为胡塞尔意义上的客体化行为奠基。①

伦常价值是众价值的一种，是一种源自爱恨（浓烈的偏好/偏恶）的情感感受。舍勒将价值划分为四种②，在伦常价值之下的有感性价值（适意/不适意）和生命价值（高贵/低俗），在它之上的有神圣价值（神圣/非神圣），而伦常价值属于精神价值的一种，另两种是美感价值和认知价值。按照舍勒的感受先行论，我们是直接感受到一根香蕉的美味，也就是一种感性价值，而不是先感知这根香蕉的物理客体，然后再通过情绪赋值而使之有美味价值。用王阳明的话来说就是，人在"好好色，恶恶臭"时，总是"只见那好色时已自好[已感受其好]了，不是见了[看见了色之客体]后又立个心[二阶的好恶之心]去好[去赋予'好'的价值]。……只闻那恶臭时已自恶了，不是闻了后别立个心去恶"（《传习录》卷上）。同理，我们直接感受到一个人气质的高贵或庸俗，或他/她的行为的善意或恶意，而不是曲折地——先感知后感受地——层层构造出它们。那样就丧失了感受或原发感知的本来面目，也就是丧失了王阳明讲的"知行的本体"。

---

① 如张任之所指出的："在舍勒看来，如果我们没有对某物感兴趣（旨趣），我们就根本不可能有对此物的'感知'和'表象'，……而这种旨趣本身则需要受到对该对象爱（或恨）的引导。……爱和恨是最原初的行为方式，它们包含并为其他一切行为方式奠基。"张任之：《质料先天与人格生成——对舍勒现象学的质料价值伦理学的重构》，北京：商务印书馆，2014年，第233页。

② [德]马克斯·舍勒：《伦理学中的形式主义与质料的价值伦理学》，倪梁康译，北京：生活·读书·新知三联书店，2004年，第二篇第三章。舍勒在那里将价值分为四个先天等级，从下向上依次是：感性价值、生命价值、精神价值和神圣价值。张任之在《质料先天与人格生成——对舍勒现象学的质料价值伦理学的重构》中对它的内在结构有很清晰的图表呈现。参见张任之：《质料先天与人格生成——对舍勒现象学的质料价值伦理学的重构》，北京：商务印书馆，2014年，第222—223页。舍勒又提出衡量价值高低的五个标记，即延续性、不可分性、被奠基的多少、满足感的深度和载体设定的相对性多少。其中"多少"以"少"为"高"。

(二) 价值的先天性

虽然价值不离人的感受行为，但价值具有自身的某种可直观感受到的先天独立性、自身被给予性和内在级序性。它不可还原为感受状态或这感受状态与意识的关系。比如，饥饿是人的一种感受状态，食欲则是人感受到食物吸引人的价值的感受行为。一般人常将前者视为后者的原因，以为是饥饿导致了食欲。舍勒则主张："在最为饥饿的情况下，人也可能会对一种食物感到恶心，而在最不饥饿的情况下，人却可能具有最大程度的食欲。"[①] 这就如同《孟子·告子上》所讲："一箪食、一豆羹，得之则生，弗得则死。呼尔而与之，行道之人弗受；蹴尔而与之，乞人不屑。"人的这股可以超出生死状态的"义""气"，就源自人在情境中的价值感受能力。"食欲与恶心所表明的根本不是［依据感受状态的］本能冲动，即便它们常常建立在本能冲动之表达的基础上；它们是指向价值的（生命）感受功能。"[②] 这是对胡塞尔开创的意向性学说的深化和非表象化，或者说是感受化、情感先天化及人格化。

构造伦常价值的是爱恨行为（《中庸》称之为"喜怒哀乐"）。爱有自己的、内在的、客观的、可直接感受到的"爱的秩序"（帕斯卡所谓"心的逻辑""心的秩序""心之数学"）——"我们恰恰可以掌握这根据事物本身内在的价值而安立其配受爱慕的等级的知识。"[③]——并通过自身感受（羞感、懊悔、恭顺等）和榜样追随的"时机"，来参与人格生成或志向转变。

(三) 人格

人格是不同种类的感受价值的行为的统一，但不是形式的、普遍化的统一，而是情境化、具体化的质性统一[④]。所以我们与一个人交往时，首先

[①] ［德］马克斯·舍勒：《伦理学中的形式主义与质料的价值伦理学》，倪梁康译，北京：生活·读书·新知三联书店，2004年，第252页（给出的页码是该书的边页码，也就是德文版的页码，下同）。
[②] ［德］马克斯·舍勒：《伦理学中的形式主义与质料的价值伦理学》，倪梁康译，北京：生活·读书·新知三联书店，2004年，第252页。
[③] ［德］马克斯·舍勒：《舍勒选集》（下），刘小枫选编，上海：上海三联书店，1999年，第740页。
[④] ［德］马克斯·舍勒：《伦理学中的形式主义与质料的价值伦理学》，倪梁康译，北京：生活·读书·新知三联书店，2004年，第382—383页。

或主要感受到的是其人格，即其人格类型或层次，类似于魏晋人评鉴人物时所说的"品""风"，而不是或不限于其心理状态、身体状态、认知状态乃至一般意义上的道德水准。人格不同于自我，"'自我'在任何一种词义上都还是一个对象"[1]，而人格是动态的、完全非现成的、不可被对象化的[2]。它与爱恨行为互补共构，即一方面它被爱恨行为和其他感受行为共同构成和揭示，但有其自身的内在结构、级差和独立性；所以另一方面它又是这些行为的价值性的根源。人格又可以看作是一种"爱的秩序"，一个具体人格的独特气象就是其爱序的结构方式。如何使低俗的或只追求低级价值、价值对象的人格转变为更高更纯的价值追求的人格，是实践伦理学所关注的。人对人格有先天的自身感受——孟子（《孟子·告子上》）所谓"良心""夜气所存"——和自爱（不同于对象化的"爱自己"），但在他爱中的榜样追随，比如在爱中追随父母、英雄、圣贤，其原本性并不逊于这种对本己人格的自身感受和自爱[3]，因为在爱中的榜样追随不是在追随他/她的形象、事迹或原则，由此而丧失本己人格，而是在爱其人格、追随其人格即异己人格，而人格的本质是非对象化的意义、价值和善恶的发生结构。

四、《孝经》与《价值伦理学》的对勘之一：共识或相通

（一）爱是伦常价值、人格和认知之源

舍勒伦理学以爱恨情感、首先是以爱为所有伦常价值和人格性的原动力，儒家也是以"爱人"为成仁及造就其他德性的源头。而按佛家和道家的观点，爱是一种让人无明或失聪的执着。但舍勒和儒家却发现，如果这爱足够原发，并被理解得足够深，调适得足够天高地厚、回旋生发，那么这爱不仅不会给人生带来烦恼，反倒是人间幸福（里面必含德性）或真实

---

[1] [德] 马克斯·舍勒：《伦理学中的形式主义与质料的价值伦理学》，倪梁康译，北京：生活·读书·新知三联书店，2004年，第386页。
[2] [德] 马克斯·舍勒：《伦理学中的形式主义与质料的价值伦理学》，倪梁康译，北京：生活·读书·新知三联书店，2004年，第389页。
[3] [德] 马克斯·舍勒：《伦理学中的形式主义与质料的价值伦理学》，倪梁康译，北京：生活·读书·新知三联书店，2004年，第483页。

的"救赎""解脱""大道"的构造者。

舍勒认为人的感受构造着并直观到四大类价值,伦常价值属于其中精神价值的一种。可见,这种价值浸泡于众感受和众价值中,道德并不像康德讲的与其他价值和感受无关。儒家也同样认为道德必须浸润于其他价值中,比如艺术价值、哲理价值、生命价值、神圣价值,才是鲜活的而不是僵死的。所以孔子要以"六艺"——诗、书、易、礼、乐、春秋——教育君子,生活中也不是禁欲主义者,与墨家的禁欲和专业化大不同,与道家轻视"文""艺"的倾向也不同。

舍勒讲的感受不同于经验主义者和实证主义者们讲的经验或感知。它可下可上,不受感受对象的束缚,所以低可达及感性价值,中可进入生命价值,高可升至真、善、美乃至神圣价值,所以这被直接感受到"价值"绝不同于它的载体,比如它从实证经验上依靠的材料、对象、感受状态(它们可被功利主义者用来计算得失),而是有其自身的被给予性、独立性和内结构(级序、秩序)。这些价值,尤其是构造它们的情感感受走在对象状态之前,为它们的出现提供了意义视野和凝结方向。因此舍勒主张价值就是最原初的意义,客体化只是对它的进一步折叠[1]。"恰恰是人的价值本质世界限定并决定着他能认识的存在,将它像一座孤岛一样托出存在之海洋。"[2]

(二)"义"或伦常价值的本原性和先天性

用儒家的思路和话语来讲,即人生中处处有"义",即便饮食、养生中也有义与不义。义不可还原为利,但又不是与之无关;如果与他人共利,则此利(好货、好色、好权等)就被转化为义,因为这整个世界和万物的交织存在中已经潜藏着义或意。并不像许多人所想当然的,这世界及其中的事物先对我们展现其客体性,然后才有其含意(价值中性的意义或相关项),再往后才有其义值或伦常价值;而是倒过来,万物先有其义,然后才有其意和物。"意义"本是"义意"。因此《孝经》才会说:"夫孝,天之

---

[1] 张任之:《质料先天与人格生成——对舍勒现象学的质料价值伦理学的重构》,北京:商务印书馆,2014年,第233页。
[2] [德]马克斯·舍勒:《舍勒选集》(下),刘小枫选编,上海:上海三联书店,1999年,第751页。

经也,地之义也,民之行也。"(《孝经·三才章》)

"孝"是德之本,当然是义行、义源;但它并不被"养老送终"一类的对象化、状态化孝行及其效果所穷尽,而是如以上涉及价值时所讲的,此孝义先于任何对象化的义态和义行,有其自身的被给予性、独立性和内结构。孝义有自己的级序结构,比如养老、敬老,送终、祭祀,继承、光大前辈传统,其最为广大崇高的层次就是"天之经也,地之义也,民之行也",因为孝作为至德或道德价值之源,绝不会局限于任何现成状态,其义不仅立于自身,而且从根源上就有一种迁移、扩展、感应和升华的倾向,"教以孝,所以敬天下之为人父者也"(《孝经·广至德章》),"君子之事亲孝,故忠可移于君"(《孝经·广扬名章》)。此发自人类天性的义或先天伦常价值不移入天地人神的中枢,是不会尽兴或尽性的。"孝悌之至,通于神明,光于四海,无所不通。"(《孝经·感应章》)然而没有从"意义"到"义意"的转换,这段话及以上所引的"孝乃天经地义民行"的话,就都是费解的。《管子》说"仓廪实,知礼节;衣食足,知荣辱",言及统治方式是对的,但用来理解道德的起源、孝道的本义,就太局促小气了。道德价值如同其他价值一样,不是被相关客体和心理状态决定的,而有自己的先天生成依据和存在方式。

(三)人格与至诚

舍勒和儒家都不是狭隘的泛道德主义,因为如上所言,道德感受被感性的、生命的感受和价值托浮,被神圣感受和价值牵引,与美感和格物认知共存互需;而且这"义"或爱恨构造的价值和显露的人格,是非现成的,势必与"意"或"世界"内在相关。舍勒"把世界称作人格一般的实事相关项"[1],可见人格也有本体论上的迁移性或发生性,不限于自我甚至人类,而势必与天地世界相互参与。后来海德格尔认为人类缘在必与世界共存互通,就是这个思路的新版,只是将舍勒的人格改成了缘在,尽量淡化了它的伦理学色彩。

---

[1] [德]马克斯·舍勒:《伦理学中的形式主义与质料的价值伦理学》,倪梁康译,北京:生活·读书·新知三联书店,2004年,第392页。

朱熹的"格物"（至物）与王阳明的"格物"（正物），似乎是意先与义先的区别，但从根本处是打通的，都更接近舍勒的思路，是义值（理、良知）先行，意与物随之而起。其术语与思路从《大学》而来，但与《中庸》讲的"诚"亦相通。"至诚如神。……不诚无物。"这里说的"诚"或"至诚"，与舍勒讲的"人格"或"人格生成"相呼应，都是义与意、心与物、行与知充分打通的源发态。

（四）人格榜样

舍勒与儒家都认为人格是形成一个人、一个社团、一个民族的道德性的关键，远胜于强力和法规的塑造，如法家和现代西方法律精神所认为的那样，也远胜于"诫令服从"和"伦常教育"。"世上没有什么东西会像对一个善的人格在其善良中的明晰而相即的单纯直观那样，如此原初、如此直接、如此必然地使[另]一个人格成为善的。"① 这是现象学本质直观思想投入重大伦理问题时的典型表现。正在动态生成着价值和意义的非现成人格，是人类最先感受到的扑面而来的道德原象和诚态，在一切规范、反思和对象化之前引领着、感发着人的向善意识和人格生成。《孝经》曰："圣人因严[对父母的敬顺]以教敬，因亲[亲子之间的亲爱，或对父母的亲爱]以教爱。圣人之教，不肃而成，其政不严而治，其所因者本也。"（《孝经·圣治章》）它说的是，圣人以教化而非力量——不管是直接的武力还是法律、规定之类的符号暴力——治天下，靠的是"因其本"，而这"本"就是在孝爱中构成的人格感召。他凭借自己或他人对父母亲爱和敬顺所形成的人格，来教化百姓，使之如影随形地生成或加强百姓对父母的亲爱和敬顺，由此而产生以上讨论过的由孝向德向智向善的迁移。这样的教化就"不肃而成"，即不板脸不强制就可成功，以它为前提的政治也就"不严而治"，即不必严厉规范而可达到大治。此乃人格引领的生存效应，即《孝经·开宗明义章》所言孝乃"教之所由生"见地的确切意思，也是孔子所讲"为政以德"（《论语·为政》）的具体方式，"故君子不出家而成教于

---

① [德]马克斯·舍勒：《伦理学中的形式主义与质料的价值伦理学》，倪梁康译，北京：生活·读书·新知三联书店，2004年，第560页。

国"(《礼记·大学》)。由此看来,罗素指责孝道和家庭情感与公众精神相冲突,不仅不成立,而且情况恰恰相反,在家庭情感里孕育出的孝道正是公众道德和政治道德的根本。

(五) 自爱与他爱

舍勒和儒家都既看重对人格的自身感受,也同样看重对他者人格的直接感受和榜样追随。前者处在"自爱"中,塑造本己人格;后者处于"他爱"中,在感受、爱戴和追随异己人格中形成本己人格。两者同样重要,同样原本,只是依人生时间阶段的不同而有侧重。应该说,从孩子有自身意识起就逐渐有了对本己人格的某种感受,也就萌生了自爱,在各种情境和身心遭遇中产生出羞感、耻感、恐惧、懊悔、谦逊、自信、光荣等自身感受,对于形成本己人格具有绝对必要的和极重要的作用。一个无羞感、耻感等自爱感受的孩子,会让父母和老师绝望,而"有耻且格"(《论语·为政》)才是德政要达到的政治人格性。但另一方面,对他者人格的感受和追随,首先就是感受到父母和兄姐们的榜样力量并自发追随,对于还天真懵懂的孩子们来说,可能更加重要。

舍勒写道:"最高的自爱也就是那个使人格得以自己完整地理解自身并因此而使人格的救赎被直观到和被感受到的行为。但同样可能的是,另一个人格通过完整理解着的他爱之中介而向我指明我的救赎道路;因而通过它对我所具有的、比我对我自己所具有的更真的和更深的爱而向我指明一个比我自己所能获得的更为清楚的我的救赎之观念。"① 虽然这里讲的"救赎"具有强烈的基督教背景,下面也将就它与儒家孝爱的区别做一些讨论,但是这段话表达的基本思路,即"他爱"或"另一个人格"(他者人格)对于人格生成的重大意义,与儒家是完全一致的。"他爱"有两种含义:一种是他人对我的爱,或另一个人格对我的爱;另一种是我对他人的爱,或我被另一个人格所吸引而产生的爱,并因此将那个人格作为榜样来追随。它们之间有相关性,因为被我感受到的他爱中,已经有了我对这爱的某种

---

① [德] 马克斯·舍勒:《伦理学中的形式主义与质料的价值伦理学》,倪梁康译,北京:生活·读书·新知三联书店,2004年,第483页。

可以是潜伏的"回爱"①；而我对他人的爱，因爱其人格而有对其可爱性的感受，而此可爱中已经潜伏着他/她对我的人格之爱。这段引文是在第一种含义上使用"他爱"。这个出色的见地，即这种他爱可以比我对自己的爱更真、更深，却是所有个体主义者看不到的。对于舍勒，此他爱首先是上帝或基督对人的爱；对于儒家，他爱则首先是父母对子女的爱，这爱比孩子对自己的爱更真、更深，由此而激发孩子对父母的回爱和榜样追随。

五、《孝经》与《价值伦理学》的对勘之二：哪种爱是源头？

（一）爱的秩序：是神爱还是亲爱在先？

舍勒和儒家都主张爱有着内在的和先天的秩序。但也正是在这里，两边的具体观点出现了重大的区别。从上面的引文中可看出，舍勒认为"自爱"与"他爱"同样原初，都要高出那些导致感性、生命价值的爱，但是他也明确指出："两者最终都奠基于神爱之中。"② 也就是说，是神对人的爱以及人对神的爱，才是所有人间之爱——不管是自爱还是他爱——的源头。在这个意义上，舍勒说"爱的秩序是一种上帝秩序"③。总的说来，他的"爱的秩序"与他讲的"价值级序"有内在的关联，都是从感性、生命上升到精神和神圣。

与之相当不同，儒家认为家庭的亲爱（在舍勒的价值级序和爱序中，只属于生命的层次）才是所有爱包括神爱的源头。舍勒在《价值伦理学》

---

① [德] 马克斯·舍勒：《伦理学中的形式主义与质料的价值伦理学》，倪梁康译，北京：生活·读书·新知三联书店，2004 年，第 524—525 页。

② [德] 马克斯·舍勒：《伦理学中的形式主义与质料的价值伦理学》，倪梁康译，北京：生活·读书·新知三联书店，2004 年，第 489 页。这句话出现的上下文："实际上，他爱根本不是建立在自爱之上（遑论像在康德那里建立在自身敬重之上），而是与自爱一样原初一样有价值，但两者最终都奠基于神爱之中，这种神爱始终同时是一种对所有有限人格'连同'对作为人格之人格的神的爱的共同爱。因此，正是在这个神爱之中，个体主义的和普世主义的伦常基本价值，'自身神圣化'和'爱邻人'才完整地找到它们最终的、不可分割的有机统一。"

③ [德] 马克斯·舍勒：《舍勒选集》（下），刘小枫选编，上海：上海三联书店，1999 年，第 751 页。

中提出衡量价值高低的五个标记,即延续性、不可分性、被奠基的多少、满足感的深度和载体设定的相对性多少①。其中"多少"以"少"为"高"。即便按照这些标记,亲爱从总体上也不输于神爱。

就"延续性"而言,在自然的和绝大多数的情况下,亲子之爱不仅不惧变易地持续终生,而且跨越生死和代际,向深远的过去和将来延伸。慈爱无边,"孝无终始"(《孝经·庶人章》),所以这爱才能与天地的生生仁爱相比拟。而且,如上所示,孝爱的所爱首先是父母、先人的人格,而非对象化的躯体和事业,所以在父母逝世、先人作古的情况下这爱依然持存不断。可见,亲爱在人间之爱中是最能延续的,远超美感之爱和知识之爱。神爱虽然永恒,但相比于亲爱,过于抽象。

就"不可分性"而言,亲爱当然是不可分的。亲爱所爱的亲人人格不可分,不像对苹果美味的爱,可被苹果的可及数量所影响;也不像对科学的认知之爱,受到认知对象多少或认知普遍性程度的影响。此外,亲爱纯然自发,赤诚无伪,凭其自身就可达及良好的人格生成和精神、神圣的境界,并不需要本质上更高级的外在精神价值和神圣价值的"奠基"。它所需者只是原发的亲亲经验。相反,精神价值和神圣价值如果没有亲爱构成的伦常价值的奠基,就可能出问题。就此而言,看重孝道的儒家并不像韦伯认为的那样,完全缺乏救赎的精神维度,只是扎根于亲爱的救赎观不同于唯一神论的救赎观罢了。

此外,跨代际的亲爱给人以深远的满足感,因为它是我们生命的真实而又先天的中心。

最后,关于"载体设定的相对性",亲爱及其构造的伦常价值也不依赖其他的偏好感受,因为它里面包含着舍勒所谓的"绝对价值"。"绝对价值是……为一种'纯粹的'感受(偏好、爱)而存在的,即是说,为一个在其功能种类和功能法则中不依赖于感性生物与生命本质的感受而存在的。这种类型的价值例如有伦常价值。"② 如上所言,父母对子女的爱以及子女

---

① [德]马克斯·舍勒:《伦理学中的形式主义与质料的价值伦理学》,倪梁康译,北京:生活·读书·新知三联书店,2004年,第107页。
② [德]马克斯·舍勒:《伦理学中的形式主义与质料的价值伦理学》,倪梁康译,北京:生活·读书·新知三联书店,2004年,第115页。

对父母的爱,在正常情况下是"纯粹的感受",先行于其他一切爱,超功利、超算计。这种作为纯粹感受的亲爱所构造的伦常价值和人格,比如羞感、耻感、敬畏、恭顺、仁义等,的确是不依赖于感性生物与对象化生命的本质而存在的,所以它们才能超对象地、跨代际地存在。据此,我们就可以进行"完全不依赖于'判断'和'思考'的一种对价值'相对性'的直接感受"[①],由此而感受价值的高下,激励人格的生成。

(二) 神爱中的欺罔可能

相对于亲爱,神爱过于遥远、抽象,就是舍勒也要承认,神不可能直接地成为人的榜样[②]。因此,如果神爱和相应的榜样追随不是由亲爱及其造就的人格延伸而及,而是由神学诫命和教会宣讲而来,那么就常会缺少真情实爱。也就是说,虽然感受不到真切的神爱——神对我的爱和我对神的爱,却从意愿和理智上要求这种爱,说服自己感受到了它,由此而产生"欺罔"[③]或伪爱。而没有真爱,想要感受到榜样和追随榜样,而非仅仅追随形象和教条,就不可能。[④] 在这方面,儒家的"亲亲而仁民,仁民而爱物"(《孟子·尽心上》)的主张就显现出极大的优势。亲亲之爱乃孟子讲的"良能",不学而能,其中包含着"良知",即不虑而知。"孩提之童,无不知爱其亲者。"(《孟子·尽心上》)所以《孝经》讲"亲生之膝下"(《孝经·圣治章》),也就是孩子亲爱父母之心就生于幼年之时。而父母对子女的爱,更是滔滔涌流,纯真无伪。人就是从这种体验中首次感受到什么是真诚之爱,由此而推及他人、社团、英雄、圣人、祖国、人类、神灵。对于这一点,即亲亲可以让人在"爱人"和"爱神"中避免欺罔,儒家充满了自觉意识。《孝经》曰:"父子之道,天性也。……故不爱其亲而爱他人

[①] [德] 马克斯·舍勒:《伦理学中的形式主义与质料的价值伦理学》,倪梁康译,北京:生活·读书·新知三联书店,2004年,第116页。
[②] [德] 马克斯·舍勒:《伦理学中的形式主义与质料的价值伦理学》,倪梁康译,北京:生活·读书·新知三联书店,2004年,第575页。
[③] "欺罔的本质就在于:'本身并不在此的东西却直观地被给予。'"参见张任之:《质料先天与人格生成——对舍勒现象学的质料价值伦理学的重构》,北京:商务印书馆,2014年,第390页。
[④] [德] 马克斯·舍勒:《伦理学中的形式主义与质料的价值伦理学》,倪梁康译,北京:生活·读书·新知三联书店,2004年,第563页。

者,谓之悖德。"(《孝经·圣治章》)之所以说跳过亲爱而爱他人的爱是"悖德",因为这之中不可能有真实的、有良善生发力的爱,而只能是无根的、病态的、矫情的伪爱,所以不会导致真正的德性和伦常价值。儒家这一见地是符合现象学伦理学的基本原理的,因为对于绝大多数人而言,只有"爱其亲"才具有实际生活经验中的直观自明性,或良知良能的天性,由它生成的伦常价值也才具有先天的明察性。而这种自明性和明察性,都不直接存在于"爱神"和"神爱"里。

(三)不同神爱之间的硬性冲突

由真爱构造的伦常价值、政治价值和神圣价值,都有"亲亲"那样的情境性、具体性和构意时间性,所以不会被充分地现成化、教条化或意识形态化,因而为"他者"尤其是"他者(神圣化)人格"留下了理解和共存的生存空间。自身的亲亲与他人的亲亲并不正面冲突,这一点在人类实际生活的主流中是直观自明的。因此,源自亲爱并在最高的精神和神圣层次上也不否认这亲爱的源头地位的价值共同体,就不会与其他的价值共同体,比如其他的宗教、文化,发生硬性的激烈冲突,而是总有回旋、对话的余地。从儒家或儒教在两千年的历史中与其他宗教如道教和佛教的和平共存关系中,就可看出这一点。相反,以神爱为源头和最高级的宗教和文化共同体,比如基督教及其文化世界,与其他的也是以唯一神为最高级的宗教比如伊斯兰教相遇时,或者就在其内部的教派如天主教与新教的冲突中,都发生了十分激烈且长时间的宗教战争。究其根本原因,是神爱的抽象性和教义性使之变得僵硬和观念化。换言之,神爱本源论使这种爱无实际生活直观感受中的原发的、亲密的明见构造,以及这种构造必会带有的情境理解和随机应对,所以不得不依靠一些外在的、硬性的、任意的和教条化的东西来冒充爱的直接经验及其伦常明察,比如依靠神学教条和教会的严密组织来维持无真爱的"榜样"追随(尽管少数神秘主义者的确拥有这种真爱体验),致使这些维护唯一神信仰的教条和组织充满了强普遍主义的不宽容性,实行"A或非A"的二值逻辑,完全排除了他者——异己的总体人格和神格的合理存在可能。

简言之，异己的亲爱之间没有根本冲突，而异己的神爱之间就有激烈的对立冲突，因为这种无亲爱之根的神爱从其本性上就是排他的。由此看来，儒家的孝道和对家庭人格的看重，不但不像罗素讲的那样是违背常识的、与公众精神相冲突的，而且它们还可以大大减少一个信仰团体的"专横"，避免连舍勒自己也看到了的"本质悲剧"①——这些信仰唯一神的人格共同体因意愿对立而导致"争执"和"伦常冲突"时，它们之间的"包容性……完全不可能"②。由此，儒家可以为苦于信仰对抗和"文明"冲突的世界带来希望。

(四) 孝道中的人格独立和思想自由

罗素认为孝道或对前辈的恭敬会增加一个文化或风俗的"专横"，这个观点也不对。前辈受到尊重不等于前辈专横，年轻一辈的自由也不等于被鼓励公开反叛前辈。实际上，儒家的孝道既主张后辈敬重前辈，继承和光大前辈的人格和事业传统，又为后辈的人格独立、思想自由和言论出新留下了充分可能。孔子在《孝经》中就确切地要求这种可能。其文这样记载道："曾子曰：'……敢问子从父之令，可谓孝乎？'子曰：'是何言欤！是何言欤！昔者，天子有争臣七人，虽无道，不失其天下；……父有争子，则身不陷于不义。故当不义，则子不可以不争于父；臣不可以不争于君；故当不义则争之。从父之令，又焉得为孝乎！'"(《孝经·谏诤章》)孔子明白地甚至激烈地否认"子[只知]从父之令"是孝，而通过多个例子来论证当父亲或处于上位者行不义之举时，儿子或处于下位者必须要"争"，实际上也就是争于义，使父亲不"陷于"或长久地、致命地处于不义，这才是对父亲或前辈的最大孝爱和尊敬。这种"争于义"里面当然蕴含了后辈的独立人格和思想自由，也绝没有前辈的专横。这里的关键是"义"这个伦常价值。后辈之所以能感受到此义，也源自父母或前辈的关爱、养育和人格榜样的引领，以及后辈对父母和前辈的爱慕、追随和孝敬之

---

① [德]马克斯·舍勒：《伦理学中的形式主义与质料的价值伦理学》，倪梁康译，北京：生活·读书·新知三联书店，2004年，第575页。
② [德]马克斯·舍勒：《伦理学中的形式主义与质料的价值伦理学》，倪梁康译，北京：生活·读书·新知三联书店，2004年，第576页。

心。所以后辈得到的义不是什么抽象的、普遍主义化的原则、法规，而是其中充溢着感情、情境和时机的伦常价值感受和对于义意的本质直观，以至于这"争于义"不是据理力争，这"谏诤"也不是以下犯上，而是孔子讲的"几谏"（《论语·里仁》），也就是微妙的、时机化的谏诤。它既能恢复义的主导，又不从感情上冒犯父亲或前辈，因为这感情（孝爱与慈爱）就是这义的源头和托浮者，争义只能靠回溯于兹而重演价值的构成来达到，而绝不能杀鸡取卵，通过破坏这亲亲之爱而从形式上实现义（这样它就已蜕变成伪义），就像叶公说的那个举证父亲偷羊的儿子一样（《论语·子路》）。

结　语

孝之所以曾经通行于人类世界[①]，在几千年中风行于华夏文明，而且在经受了新文化运动的绞杀之后还在艰难度日，说明或起码暗示着这种人类行为具有某种跨文化和跨时代的人性根基。《孝经》虽然对于不少今人而言已显陈旧，但它力图揭示的孝的特性比如德之本和可教之源，仍然有着某种重要的提示作用，蕴含着可能是深刻的哲理和人性之光。而舍勒的基于情感的伦理学，从胡塞尔开创的现象学中得到关键的启发，但将后者那种以表象客体为基础的意向性学说转化为了以爱恨感受为源的打通先天与经验、义与意的价值——人格伦理学。它的那些表达于《价值伦理学》中的关键思路，比如感受行为、价值本身的非状态性，善恶的非现成性，以及人格的纯发生性等，都是非对象化、非现成化的发生现象学哲理的体现。

[①] 罗素这位对孝绝无特别好感的人写道："当然了，孝道绝非只是中国的特产，而是在［人类诸］文化的某个特定阶段普遍存在的。在这个方面，正如也在其他的一些方面，中国的特殊性在于在她取得了一个非常高的文明水准之后，依然保留了这个古老风俗。早期希腊人和罗马人在奉行孝道上无异于中国人，但是随着他们的文明进步，家庭就变得越来越不重要了。而在中国，这种情况至今［1922年］也还没有开始出现。"（*The Problem of China*, p. 37）他提到的这个事实，即人类几乎所有的族群都曾奉行孝道（虽然表现形式有别），是真实的，二十世纪的人类学进展也证实了它。但他认为随着文明的进展，孝道已丧失了存在的理由；换言之，即主张孝道只是人类文化在一定历史阶段的现象，却需要再商榷和斟酌。本文已经隐含了对这一观点的反驳。如果孝道中真的有先天的伦常价值或道德性，而且是其他伦常经验不可替代的，那么孝道就是人性的一种表现，不应该被文明进步抹去。相反，对于那些文明进步淡化了家庭与孝道的现象，还可以有一种解释，即那些文明自身出了问题，首先就是在伦常价值和人格性上出了问题，以至于它们相比于华夏文明都比较短命。

由此，它去掉了胡塞尔学说中的经验主义、实证主义残存，启发了后起的海德格尔，也可以看作是列维那斯的"不同于存在"的他者伦理学的先声。更重要的是，这种真正现象学化的伦理学——它在西方哲学中是罕见的——与儒家的根基性学说特别是孝道哲理之间，有着很生动和深刻的思想关联和难得的亲缘性。通过它，孝的道德性、价值先天性和可教性之源的地位可以得到比较贴切的哲理开启，儒家这个以爱——亲爱、仁爱——为根本、为至德要道的学说，就可以在现象学这个精妙丰富的哲理平台上得到不失其本性的重生般的展示。本文中一些关联要点的初步讨论表明，两边的因缘绝非肤浅的和偶然的，而是建立在深入的思想共鸣之上的。即便涉及两者间的重大分歧，即神爱与亲爱何者为先为源的问题时，也有相通的前提，即双方都主张在构造伦常价值的感受行为中，有一种爱的先天秩序。爱从来不可能是同质的、拉平的或普遍主义化的，而是有着内在的源流、高下和长短之别。中西文明、宗教和道德之间的区别，首先就是双方爱的秩序的区别；而这种区别中是否有更深的是非真幻可言，虽然没有可供遵循的公度标准来规范，但有关的探讨似乎也不是没有意义的。

（本文系作者2017年在北京举行的"经史传统与中国哲学学术研讨会"上发表的论文）

为什么个体的永生在世是不道德的？

——从《哈利·波特》到儒家之孝①

现象学自称要"朝向事情本身"，其实首先朝向的是人本身，当然，在不同的现象学家那里，有各种各样的人本身。不管说它是意识还是身体，是伦常人格还是缘在的存在，是播撒的印迹还是惊人的面孔，都从根本上是"人性的"，因为那被追求的本应是人的意义家园。可是今天的潮流，却嫌它是"太人性的"，以至于要改造它。尼采说"上帝死了"，他却不知道，或装作不知道，实际上是"人的家要死了"，而他的"如是说"——朝向强力和超人的意愿，也在参与这场谋杀。于是《快乐的科学》就供认："我要对你们说出真相！我们把它杀死了——你们和我！"②

一、人类为什么不应该改造自身？

人类处在对自身做根本改造的边缘。如果这改造真的启动，我们这种人类将进入深邃的不可测状态，如果不只是极大的危险的话。但乐观主义者——被驯化得相信科技进步定会给人类带来福祉的人们——会来告诉我们，这没有什么可担心的，人类数十万年、数百万年来，一直在使用尽可能有效的技术，在改造世界的同时改造了人类自身，造成了人类种群的进步，所以高科技对人在基因乃至更基本层次上的改造，只是这个人类自然史的当代版，是此过程的某种加速而已。它会让我们成为更优质的人。

认为我们这种人还不够优质的看法，既有悠长的历史，又有现实的声音。除了宗教中的"人类原罪"说、"性恶"说之外，研究人的人类学、社

---

① 本文与作者的另一篇文章（《〈哈利·波特〉中的亲子关系与孝道》）有部分重合或交叉。
② 译文选自［德］海德格尔：《海德格尔选集》下卷，孙周兴选编，上海：生活·读书·新知上海三联书店，1996年，第769页。尼采这句话中的"它"，原指上帝，这里只用其表面字义，但亦符合基本的实情：快活的科学在参与谋杀人的家。

会生物学家们也常抱怨我们这种人的劣性,比如"相互灭绝和破坏我们环境的倾向"①,乃至"过时"性,"它[人类本性]将依旧在那样一种基础——它是为了部分地适应那消逝了的冰河期而草率形成的——上蹒跚而行呢,还是朝向更高的智力和创造性而坚决推进呢?"② 所以,改造我们这种人类,是绝对必要的,甚至可以将人类史看作通过各种手段——宗教的、道德的、艺术的、哲学的、政治的、科学的、技术的等——来改造人类,使之消除恶性而向善的历史。

大多数主张改造人类的学说并不认为人性全都不好,而是往往认为人性有的地方好,有的地方不好;比如主张人性中有善根,甚至有神性,但也有恶根和动物性。"人是理性的动物"是这类说法中的一个。但无论如何,越是自认找到了衡量人性善恶、理性不理性的绝对标准者,越是急于改造人类。柏拉图在《政治家篇》中写道:"我们把政治家理解为唯一有资格被称作'民众的牧者'的人,并认为他们像牧人喂养他们的牛羊一样喂养人类。"③ 作为"喂养人类"的"牧者",当然会按照优劣好坏的标准或理式来选择和驯化这些"两条腿的牛羊",就像斯巴达做的那样。

如今,科技开始有了或准备去拥有在身体的根本处改造人类的力量,有的科学主义者称之为"第六次科技革命"的力量④,而全球化的意识形态中包含的"衡量人类好坏的标准"通过政治家与媒体及科学家的共谋,正准备将黑格尔的辩证发展的逻辑更身体化地实现出来,在否定我们这种人性(的劣质方面)中将它升级到更高的版本,即所谓"后人类"的版本。⑤ 在这种比历史上的优生学还要严厉得多的新优生学面前,人类当前的意识形态却无力招架了。它找不到区分良性的人类改造和恶性的人类改造的标准,因为所有从基因和生物学、人类学上改造人类的做法,所依据的标准

---

① Jared Diamond: *The Third Chimpanzee*, New York: Harper Perennial, 1992, p. 362.
② Edward O. Wilson: *On Human Nature*, Cambridge & London: Harvard University Press, 1978, p. 208.
③ [古希腊]柏拉图:《柏拉图全集》第三卷,王晓朝译,北京:人民出版社,2003年,第114页。
④ 何传启:《第六次科技革命的机遇与对策》,《科学与现代化》2011年第2期,第1—19页。此文列举了5个"第六次科技革命的主要标志":(1)信息转换器:实现人脑与电脑之间的直接信息转换,引发学习和教育革命;(2)两性智能人:解决和满足人类对性生活的需要,引发家庭和性模式的革命;(3)体外子宫:实现体外生殖,解放妇女,引发生殖模式和妇女地位的革命;(4)人体再生:通过模拟、仿生和再生,实现某种意义的"人体永生",引发人生观革命;(5)其他标志:合成生命、神经再生、人格信息包、耦合论、整合论、永生论等。此类说法已经见诸中国的出版物和报纸。
⑤ 参见曹荣湘选编:《后人类文化》,上海:上海三联书店,2004年。

都可以是所谓"良性的"或"人道主义的",就像克隆出多莉那样的动物的做法所声称的一样。我们一直在改造人类,想要优化人类、升级人类,你怎么能让我们在真正能够从身体上一劳永逸地改造人类的机会面前止步呢?所有改造人类为新人的梦想,不管是宗教的、形而上学的、道德的还是政治的,岂不都可以充分对象化为这种广义的人类身体的基因改造吗?"牧者"从神、圣者、哲学家、王、人文知识分子,变成了科学家——自然科学家和社会科学家,岂不是最理性、最普适也最人道的吗?

但是,人类历史上的确有过不同于以上所有改造人类学说的正面学说,也就是反对按照高于人生经验的标准来改造人类,同时又要追求美满人生的学说,尽管极为罕见。儒家是一个这样的另类学说。"为政在人,取人以身,修身以道,修道以仁。仁者人也,亲亲为大。"(《礼记·中庸》)这人之身不可以凭外在标准来改造,只能以道来修;这修道只有通过仁,而这仁不是别的,就是人;这人的根本只在亲亲里。"夫子"不忍去"言性与天道"(《论语·公冶长》),因为一旦说出人性和天道是什么,就可能按照这可言之凿凿的天道通过知识技术来改造人性,就有非人世界的出现。儒家乃至道家看重艺、技艺或道术,但都对高科技警惕匪懈,"李约瑟问题"——中国为何没有产生近代科学?——的答案就在此。人的生存境界在一些时候是需要提升的,但只能通过"大学":正心诚意修身齐家治国平天下。不是将人提升到高于亲亲的形而上学的境界中去,而是求仁,而求仁就是求做原本的人。这是最原本的"朝向事情本身"。

于是才能找到区分人的自然进化和凭借高科技强行进步的区别。人一直在通过技艺(包括手工技术)进化,但那是在没有或不知进化标准的情况下,通过长程时间变易中的物竞天择进行的,也就是以超出人类意识主宰的"天命之谓性"(《礼记·中庸》)的方式进行的。"生存是称呼人在真理的天命中所是的东西的规定。"[1] 将生存或"去存在"看作人的本性,就应该去否定按照原发的生存境域(海德格尔讲的"存在")之外或之上的标准来规范和改造人性的企图。与此相对,凭借高科技改造人类,不管它在形而上学

---

[1] [德] 海德格尔:《海德格尔选集》上卷,孙周兴选编,上海:生活·读书·新知上海三联书店,1996年,第371页。

和现代性中多么有根据，却是不把人当作生存着的人（缘在）来看的做法。前者或进化具有技艺化的自然性或天命—天道—性，也就是天（环境）人（技艺）对撑互补性，长程的物竞天择的合理性、丰富性和安全性。后者或进步有的则是人工意愿化的操纵性，追求高科技的征服力量，将自然踩到脚底，变成恶性造反者；所以这种进步具有盲塑性、片面性、强权性和危险性。

由西方导致的全球化，是一场将人赶出自己家园的运动。问题还在于，即便像海德格尔这样指出并批判人的"无家可归状态"[①]的西方思想家，也茫然于何处能找到当今和未来的人类之家。在这种极其广泛深刻的无家局面中，只能让儒家出场，以便给出一些最必要的提示，它们已经被遗忘了很久很久。

本文将集中于人类的科技自身改造的危险和不可欲性的一个侧面，即人类个体的永生，据说我们将要被卷入的新优生学浪潮会将它带给人类或不如叫后人类。[②] 为了比较有情境感地展示它，我选择《哈利·波特》中的例子开头。

二、个体永生还是虽死犹生？——魂器与伤疤

《哈利·波特》的情节主线是哈利与伏地魔的生死之搏、善恶之争。伏地魔的一个最大特征或最强欲望，就是他个人的超越死亡。他采取的最重要行动几乎都是被这样一个动机推动着：为求长生不死，他制作魂器，滥杀无辜；为了那个谁生谁死的预言，他马上就去除掉一个婴儿（哈利）；为了获得又一个身体，他无所不用其极。是的，他还贪求权力或强力，在他那里，对权力与永恒存在的追求是共存的，而且是以后者为基底的（这一点使他不完全等同于那些崇尚尼采"强力意愿"说的人们）。因此，七集《哈利·波特》以"魔法石"为始，以"死亡圣器"为终，两者都是追求长生不死的手段，从中可见"死还是不死？"对于作者是何其根本的问题。

[①] [德] 海德格尔：《海德格尔选集》上卷，孙周兴选编，上海：生活·读书·新知上海三联书店，1996年，第382页。

[②] 人体再生：通过虚拟、仿生和再生，实现某种意义的"人体永生"，引发人生观革命；其他标志：合成生命、神经再生、人格信息包、耦合论、整合论、永生论等。参见何传启：《第六次科技革命的机遇与对策》，《科学与现代化》2011年第2期，第11页。另外，参考曹荣湘选编：《后人类文化》，上海：上海三联书店，2004年。

魔法石是尼可·勒梅为得长生而造，似乎在求一善事，起码无恶意，但元气大伤的伏地魔却可凭借它而重获正常的乃至长生的身体，以便卷土重来。所以如何藏护它，就成为令邓布利多为首的巫师们头痛的事情：设防重重的古灵阁巫师银行的地下秘库为此被抢，而霍格沃茨魔法学校里那被遍施魔法护咒的地穴，也挡不住黑巫师的侵入，只是靠魔镜、哈利（及另两位同学）和邓布利多的共同努力才勉强守住。所以，邓布利多和勒梅商议后毁掉了此魔法石，因为它的长生不死功能毕竟对于黑魔法更有用，而死亡的可能性实际上是站在了善良的一边。

反观哈利，其对待死亡与时间的态度与伏地魔正相反。死亡不是他要征服的对象，而是他人生的动力和源头之一。父母的死亡是他后来人生的主导动力，而他额头上的闪电形伤疤，则是死亡与生命的连体象征：伏地魔用死咒攻击造成了它，而哈利母亲临死前给他施加的保护咒，击回伏地魔之咒，使得这伤疤而不是死亡本身被实现。在哈利的最深意识里，死生不可切分，他个人的死与生同其他人——特别是父母——的死与生也不截然分开。这伤疤，以及他梦魇中的绿光和惨叫，意味着他曾经并将继续生活在死亡的威胁和父母的至爱中；它们一起激发出原真的生存感受，表现为透视般的直觉和大无畏的冒险勇气。而且，这直觉和勇气让他厌恶一切对绝对永恒和权力的追逐。

第七集第十六章，哈利和赫敏在戈德里克山谷的墓地中看到了他父母墓碑上的铭文："尽末了所毁灭的仇敌，就是死（The last enemy that shall be destroyed is death）。"小说中没有提供它的出处，但实际上它出自《新约·哥林多前书》15：26。有的评论家断言它反映出《哈利·波特》的基督教倾向，也有报道讲这是罗琳本人在出版了小说全部七集后的看法。可在此书中，哈利读到它的第一反应是拒斥性的："他产生了一个可怕的思想，给他带来一种慌乱。'这不是食死徒的观念吗？为什么会在这儿？'"[1] 哈利的

---

[1] "A horrible thought came to him, and with it a kind of panic. 'Isn't that a Death Eater idea? Why is that there?'" 本文所有《哈利·波特》（*Harry Potter*）的中文引文，均由本文作者据英文本翻译。英文本采用英国版与美国版。英文版出自 Bloomsbury 出版社，比如第一集的出版信息为：J. K. Rowling: *Harry Potter and the Philosopher's Stone*, London: Bloomsbury Publishing Plc, 1997。美国版由 Scholastic 出版社发行，2007年出齐全部七集。

这个想法很自然，这句话的字面意思的确就是伏地魔的观念，要不择手段地"毁灭死亡"，达到长生不死。但赫敏马上再解释了它："'哈利，它并不像食死徒所意味的那样，指战胜死亡，'赫敏说，她的声音是柔和的，'它意味着……你知道的……超出死亡而活着。在死亡之后而活着。'"在这新解释中，这铭文的意思就宽广多了，足以容下哈利的乃至儒家的生死观。在个体的真正死亡之后，凭借亲子之爱，他或她在家庭和家族的记忆和孝爱中仍然活着。

死亡圣器是历史上三兄弟要凭之去战胜死神的三件法宝：隐形衣、老魔杖和复活石。它们并没能让持有者逃脱死亡，而只是带来了某种奇特的法力，产生的后果则依其特点和应用的智慧而大为不同。老魔杖最有强力，很快就让持有者被杀；复活石似乎有起死回生的能力，但却是逆时而行，于是持有者在绝望中自杀；隐形衣只是消极地非对象化，所以"好好地使用它"会让人躲避非正常死亡。

哈利追求死亡圣器不是为求长生，而恰恰相反，是要用它们来摧毁长生不死，也就是魂器和伏地魔本人。所以当他面临去摧毁魂器还是去获得圣器的选择时，他毅然选择了前者，于是又有了对于古灵阁地下秘库的第二次抢劫（《哈利·波特》中常有这种或显或隐的对衬），只是上一次是黑巫师抢魔法石以求不死，这次是白巫师抢魂器而致死。哈利手中有两件圣器——隐形衣和复活石，但它们都不能阻止他走向死亡（他最后没有死，不是它们的作用）。而且，复活石招来父母、教父等魂魄，是为了陪他赴死，隐形衣要被塞起来，好让他暴露在死咒面前。伏地魔表面上拥有了老魔杖，却在一定程度上死于它。

《哈利·波特》没有像许多作品那样，在情节的"最高潮"处，即哈利杀死伏地魔而成为全魔法世界的英雄和领袖时戛然而止，而是加了一些后续的交代和尾声。对于全书的基本思想倾向而言，它们是必要的，因为这时哈利手握三大圣器（复活石可以被他寻回），似乎成了最有力的巫师，最有可能战胜死亡。这后续交代更清楚地表明哈利对待死亡和力量的看法，进一步展示了那段墓碑铭文的真实含义。他向邓布利多的画像——它起码在他眼中还是活的——交代，他将放弃复活石，也就是对死亡的虚假征服；

他将保留隐形衣，因为它是家族的遗物，而且不与自然死亡冲突；他将不拥有象征绝对力量的老魔杖，而将它放回到死去的邓布利多的墓穴中，也就是第二任拥有者的身边，让它的魔力在他（哈利）自己的自然死亡时终结。但是，在放回老魔杖之前，哈利使用了它一次，也是唯一一次，用它修补好了自己原来的魔杖，享受了与亲身传统的温暖、欢乐的重逢。然后，他渴望的就是回到自己久别的床上去睡觉，去吃上一份三明治。仅此而已！哈利的人性纯洁让我们感动至极，让我们深思它的含义。

三、个体永生有什么不对？

魂器是邪恶的，难道只是因为制作它要杀死无辜者吗？假如伏地魔找到一种办法，制作魂器时不必直接、当下地杀人，就像那声称将会让我们长生不死的高科技一样，它就无恶可言了吗？它令人灵魂分裂，但尼可·勒梅制造的魔法石（最早的英国版叫"哲人石"，可能因为西方传统哲学一直在求长生不死）就不令人灵魂分裂了吗？我们这种人中，的确有一些人——大多为孤独的成功者——渴望不死。秦皇汉武不说，即使是道教，也似乎有这种渴望，而现代性或科技崇拜早已并正在有力地培育着这种"后人类"意识。它有什么不对呢？仅仅因为它会让人口增加，或为了保障人口稳定而压抑新生者的出现吗？

不恰当之处首先在于：长生不死要征服、管制和压瘪人的生存时间，而自然的死亡却在参与构成和保护着这个时间。个体不死意味着人的生存时间失去它的生死异质性，从而被同质化，移向物理时间，即"现在"的无限单向序列；"过去""将来"只是已经不现在和还未不现在的现在，遮掩住了那"已经"和"还未"的源头，也就是让人生存着的生存时间。生存时间是过去、当前与将来的发生式（或互补对生式）的交织，同时要求三时相的根本异质和内在互补。而保障这异质的是个体的自然死亡，保持这互补的是家族延续。它近乎维特根斯坦讲的"家族相似"的"纺绳"结构[1]的发生化。

---

[1] ［英］路德维希·维特根斯坦：《哲学研究》，李步楼译，北京：商务印书馆，2000年，第48页。

因此，没有自然意义上的健全死亡乃至必要时的英勇就义，这"不舍昼夜"地交织发生着的时间之流就会被拉平、阻塞、奴役。这时间一定是无常的，一定是暂时—有限的，无法完全驯服的，才能是意义的源头和生命的渊薮；但时间又一定是连续的、非现成有限的，所以必包含着复合的回忆、思念、秩序、循环、可能和持久。而死亡既是时间的清道夫，去除其中的对象化赘疣，又是它的联系与过渡，比如现在之死成就过去和未来的来临，因而每一瞬间中都有死与生的交织。正因为如此，现在之死不是实体性的，它被保持在刚才里，深藏在记忆中，而且总可能在未来再次以变样的方式迎接我们。但毕竟，没有一个绝对的同一性来保证现在的永恒，保证过去走向未来的必然路径及终点（所谓历史规律或救赎计划），乃至规范人的生存方式和人性的标准；遗忘或误记总是可能的，死而不再生也总是可能的。"天难谌［天命不可依赖］。"（《尚书·周书·君奭》）

死亡就这样表明生存时间的根本性，否认在这之上还有本质上更高级的实体存在。哈利认同的只是这种时间、这种生活，挑战和反感于一切要在这之上建立绝对权威和标准的企图。就此而言，他比邓布利多还要彻底和坚决得多。他与伏地魔的决斗，从哲理上看，是家族生存时间与无时间永生之斗。说到底，他的人性纯洁是生存时间本身的纯洁，或者说是时间纯真性的人间体现。

生存时间的平整化、同质化，导致人的原意—识方式的改变；它的计算利害之"识"可能会发达，但其"意"源无法整全地涌流，因而失去道德的感受力。这是断言个体永生的不道德性的第一个理由。

四、时—家—孝

生存时间是人的最原发的缘在方式，与缘在相互构成。但海德格尔一直茫然于这缘在之缘源。他或者谈缘在化身为人们的不真正切身的生存方式，或者讲缘在真正切身的生存，但必是一种单个人独自倾听、面对、决断的经验；他不知可能有真正切身的人们，也就是在最原本处包含了他者（《存在与时间》）的生存方式，可以是真缘或真源。这缘源就是他后来大讲特讲的"无家可归状态"中的那个"家"，但此家的原形态还不是"家乡",而是血脉身体之家,与存在本身最相关的存在者。

家是真正缘于生存时间又构成着生存时间之缘的,比《存在与时间》第二篇前三章那些精彩的分析(最佳者是分析"朝死的存在")还要更整全、深入和自然地引领到生存时间的中枢。相比所有其他的人类生存形态,无论是个人的、社团的、社会的,还是教会的、党派的、国家的,家是更原本、更完整的生存时间化和时间生存化的。家不仅天然就有生存着的时,即代际的异质和连续构成的家时;而且家还自身生发着这种时:夫妇阴阳的交合生出后代,形成亲子间、后代与祖先之间的代际时间或亲际时间。

亲子时间处在原时间的构造晕圈中,父母与孩子之间当然有区别,但不是现成存在者之间的区别,而是正存在起来的时相之间的亲亲区别,还不能从存在者层次上分清彼此的区别。夫妇之间是互补对生的,父母与年幼子女之间也是互补对生的。广义的父母不知道没有腹中、怀中、膝下的子女(含收养的幼小子女)的生存还有何意义,反过来也是一样。父母正在过去但还不是再生的过去,而是被致命地保持着;子女正在到来但不是被等待着的未来,而是不可缺少地正在来临着;父母子女、祖先后代……的生存晕圈(家)构成了活着的家—时。而且,这活着的家和时绝不可对象化,它不是由那么几个个体所组成的社会单位;父母曾是子女,子女将做父母,家族相似的线索没有现成的开头和结尾,但又不是实在的无限;每个父母身上都承载着不可尽数的父母和子女,而每个子女身上都来临着不可尽数的子女和父母。家时的每一刻都被层层过去和将来交织得深不见底,暗通着悠久的天命、广大的世界和无定的可能。所以,人要在家中才成为人,是为家人;家也要在人(亲人)而非更高或更低的伪家(如教会、帮派、党派)中才成为家,是为人家。家是时的,时是家的。家时缘构着自身,它使我们感到存在,"瞻之在前","忽焉在后"的存在。

家时中最能体现生存时间特点的是孝爱时间,它更直接地拒绝个体永生,也更有原道德含义。这是因为,它最清楚地显示出生存时间的异质性、连续性和交织性。

家时在年岁或年纪中构成自身,所以年岁是不可削平的。上年纪是不可少的,老年与享尽天年的死亡也是绝对必要的。而"孝",如这汉字字形直接显示的，是"子"代对"老"去的亲代的扶持、照料和敬爱。没有老年的人生中，没有孝的位置。换言之，孝在个体永生的时代——失去代时〔代际时间〕的时代——中无意义。

"夫孝者，善继人之志，善述人之事者也。……事死如事生，事亡如事存，孝之至也。"（《礼记·中庸》）可见孝是可以并需要非对象化的。父母不在了，孝还在，还在延续。它既善继，又善述；且事死如事生，事亡如事存，正是预设死亡的生存时间的结构展示。

生存时间之流是原意义之流。它也从过去流向将来，从前人流向后人；所以父母对于子女的慈爱顺流而下，是如此充沛自然。但孝却是子代对于亲代的反向之爱，是从现在或将来朝向过去的回流！它证明了生存时间与物理时间的一个最大不同，即它不是单向的，而是正反交织的，含"道之动"（《道德经》第四十章）。而且在人的缘在处，竟然交织到能够在意识和行为中溯潮而上，亲祖曾玄，蔚成大观。所以，孝是特别属于人的。

这也说明海德格尔的生存时间观，尽管强调了三相的"出窍式的"交织，但因其朝向将来的总倾向，还是没有探及这种时间的最奥秘处；它达不到家时和孝爱，毫不奇怪。而柏拉图的"牧者"政治家说，和近代以来的个体成人化契约民主说，或顺单向的时流与意流而下，或只能在浅层有少许交织，更是粗糙简单，无精微发意之时机，皆非人—仁道政治，远不能抵御高科技化生存中的伏地魔倾向。

只要生存时间的原交织态（天道流行时）被少许破坏，也就是被突出"现在"的功利时间和物理时间侵入，那么整个生存形态就会开始退化，从过去流向将来的时流就要强于反向的回流了。这时，由于孝爱的"反""复"性，它在生存时间中的出现和维持就要难于慈爱。文字（特别是富于形式语法和构词的拼音文字）的出现反倒恶化了局面，因为它在历史记载中保留的大多不是原时，而是时间中的事件，逐渐让人有了站在人生时流外的"岸上"观流的习惯，寻找能规范这流的知识和工具。于是我们面对了孝的艰难与动人。

孝是艰难的，因为它既不像食色那样是人的本能，也不像语言能力那样学到了就终身不忘。但它与说话能力有一个共同点：既能动人，属于人的特性或本性，但又必须在特定的人生时段中学会，不然就无法充分进入它。但正因为孝是出自非现成本性的反逆大时向的回流，它成了人类道德意识的根源。无论人类的慈爱多么圣洁伟大，而且是与孝爱相互引发的一方，都不能作为处在贫乏时代的人们的道德主动因。因为慈爱顺流而下，不少动物也有它；不论它如何无私，人们都因为它的自然而然对它熟视无睹，视之为人的动物本能（其实不尽然）。所以，慈爱的父母也可能养出坏孩子。但孝爱则不同，正因为它处于有无之间，所以一旦逆流而现，必不止于"本能"，而会有所谓"自由意愿"厕身其中，所以必有非现成、超对象的道德后果。《论语·学而》——"有子曰：'其为人也孝弟［悌］，而好犯上者，鲜矣；不好犯上而好作乱者，未之有也。君子务本，本立而道生。孝弟也者，其为仁之本与！'"——讲的就是这个道理，尽管"孝悌"的道德效应绝不限于不犯上。需要注意的是，这里讲的"孝"和"悌"，都是生存时间流中的回流，所以才会有"仁之本"的地位；而这两者中，孝更被儒家看重，因为孝是更艰难也更深远的代际间的大回流，悌则只是同代里的小回流而已。

我们这里无法争论道德之恶的起源，而只限于对它做一个观察。情况似乎是，道德恶的一个重大表现乃至某种意义上的原因，是以自我为利益的中心。"自我利益中心"不同于"自我意识中心"，后者被某些心理学家如皮亚杰认为是儿童早期的心理特点——他们更多的是在自言自语，而不是与他人做有效的、客观的交流。①

而以自我利益为中心的人或儿童，可以有很不错的与他人做"客观的"交流的能力，因而很能掂量哪些是于己有利的东西，并会通过影响和操控他人来为自己谋利（少年伏地魔就是这样）。他们只是完全脱不开自己的利益中心，缺少一种原发的想象力，或可称之为道德的想象力，让他们能换位感受（不只是观念化思想），哪怕暂时地脱开一下自己，站在别人的位置上感受一下自己行为的后果。

---

① ［瑞士］让·皮亚杰：《儿童的语言与思维》，傅统先译，北京：文化教育出版社，1980年。我对皮亚杰的实验方式的选择，以及他对实验结果的一些解释有疑问。他基本上没有观察儿童与自己父母的交流情况，也看不到儿童的自言自语本身就孕育儿童未来的有效交流的功能。这样就无法了解儿童的完整心理特点。

能够破除这种自我中心状态、增强道德想象力的最原本、最有效的途径，应该就是亲子之间的充满爱意晕圈笼罩的相互交流。它在人类形成自身道德感的最敏感时段（可能基本上始于学习语言和达到有效交流的时段，但持续期更长），主要以意义、意识的原生成的而非行为规范的方式，来生发出原初的人际间感受能力。孝的种子和萌发就在此时情境中。

由于上面谈到的是孝的最生存流化的特性，它一旦出现，就不仅不会限于对象化的父母，而且蕴含着爱意外溢的天然倾向，是善良品性的种子乃至幼株；通过礼乐诗书的引导，更会得机得势，沛然莫之能御。

个体永生从根本上削弱和破坏亲子关系和亲子经验，使孝这道德感的源头枯竭。这是它不道德的第二个理由。

五、《哈利·波特》中的孝与反孝

《哈利·波特》描述了善与恶之争。但与 20 世纪英国的其他著名魔幻小说，比如《指环王》和《纳尼亚》等不同，《哈利·波特》不将这种善恶之争视为现成给定的，比如从神或其他什么地方产生，而是要在它描述的主要人物的具体人生中，通过他/她们的经历历程来展示这善恶的形成。就此而言，《哈利·波特》是更现象学的，它获得了更生动的美感，是不认同任何现成宗教性而浸于人生经历所得到的一笔红利。

如果以上第二节讲到的哈利和伏地魔对待个体永生和死亡的不同态度有人生本身的根据，如果我们假定《哈利·波特》是忠于人生基本结构的，那么，依据上面的后续分析，这种不同态度必与他们对待家庭，特别是亲子关系的态度内在相关。情况也正是如此。伏地魔表面上坚持"纯血统巫师的至上原则"，但这种将血缘关系充分对象化、普遍化和党派化的做法，恰恰是反对家庭和亲子优先原则的。伏地魔在魔法世界中创建了号称"食死徒"的政党，但他从头至尾是以他个人利益为唯一中心的。形成这种人生态度的原因，在邓布利多和哈利追索魂器形成史以便摧毁它们时，被暴露出是与家庭内相关的。

伏地魔出生自一个缺少亲情的悲惨家庭。他的外祖父不是一个好父亲，而他的母亲与他父亲的结合，是由于他母亲使用了某种不正当的手段而导致。所以，当他父亲对情况有所了解时，就抛弃了已经怀孕的妻子。尽管这位懂魔法的可怜女子有能力活下去，但痴情中的她已完全绝望，于是在分娩了伏地魔之后撒手人间。伏地魔只能在孤儿院中长大，才能出众但心术不正，早早就能控制和迫害同伴。进入霍格沃兹魔法学校后，伏地魔的有才和心邪都"突飞猛进"，造就了这个"连名字都不能提"的黑魔头。除了家庭的不幸之外，更重要的是他对家庭的态度。伏地魔对亲子关系极其冷淡、反感和残忍。他轻视自己过世的母亲，仇视并杀害了自己的父亲和祖父母，还将此罪行栽赃于自己的舅舅，令其死于阿兹卡班监狱。他的无人性始于其无亲情。如果他有哪怕是母亲的爱，或能感受到这份爱，汤姆·里德尔（伏地魔的家庭化姓名，被他厌恶地抛弃不用）就绝不会成为伏地魔，一个完全迷失于自身利益，首先是自身存在的家伙。但是，也不能像西方某些持家庭契约论的评论者那样，认为伏地魔的父亲抛弃了汤姆母子，违反了所谓家庭互助契约，就断定此人已经自动失去汤姆之父的身份，伏地魔杀他就不是一桩弑亲极罪了。事实上，这种弑亲对于汤姆的伤害更大，他的灵魂分裂就发端于此，早于正式地制作魂器。应该说，反家是各类魂器的产生原因和使用效用。

再看哈利，尽管由于他分走了伏地魔的一片灵魂，有了后者的某种奇异能力，在经历（比如都是孤儿）乃至某些性格上也与之相似（都决断、出新），却没有成为第二个伏地魔。邓布利多说："正是你的心救了你。"（《哈利·波特与凤凰社》第三十七章）但究其实，是他的家庭经历和对于亲子关系的态度拯救了这颗心。

哈利在亲子关系上与伏地魔不同：他的父母组成的是一个健全的家庭，而且他与父母生活过最初的一年，这并不是无所谓的；另一个区别是哈利后来没有在孤儿院而是在姨妈家里生活，尽管这个家对于他，就不少现成条件看来，还不如正经的孤儿院，但那毕竟是一个与他有血缘联系的家，虽然劣待他，但毕竟保护和养育了他，这也不是无所谓的。至于哈利与汤姆各自对待亲子关系的态度，可谓天壤之别。虽然哈利到11岁都不知自己父母的真实情况，但一旦知晓，他对父母的想象、思念、认同和热爱，如燎原大火，不可阻挡。这在第一集中已经有明显的表现。他从厄里斯魔镜中看到的，是自己"最深的、最为渴念的欲望"，就是他的父母和家族成员。对于他在这幻影前的痴迷，罗琳的描述（《哈利·波特与魔法石》第十二章）是极其动人而又真实的。他看到的母亲"正在哭泣；微笑，同时又在哭泣"；"在他心里有一种强烈的疼痛，一半欢乐，一半极其悲哀。他在那里站了多久，他不知道。"[①] 而在最后一集，当哈利得知自己是伏地魔不经意造成的一个魂器而自愿赴死时，在那最痛苦绝望的时刻，他通过复活石看到的人们，请他们陪伴自己走向死亡的，还是自己的父母和他们的朋友。在如此炽热、痴迷而又凄苦的爱恋里面，我们才能信服地看到一个道德上晶莹剔透、顶天立地、感人无际的哈利成长起来。

所以，哈利是孝子。对父母乃至教父有最天然赤诚之爱，以"善继""善述"承接之。而且，按《春秋》公羊学传承的儒家"大复仇说"——儿子要为被不正义杀害的父母报仇，他是极其热烈决绝的孝亲英雄，因为他完全主动地、奋不顾身地对抗杀害父母的仇人伏地魔，最后破尽其魂器而置其于死地，报了家仇，也救了世界——释放了生存时间之流和人生原意义之流。

结　语

人类世界出现过的大宗教、大哲学里，绝大多数者不甘心做人。尼采疯狂里的敏锐，点明了这一要害："人是一样应该［被］超过的东西。"[②] 此文要说明，诚心做人而不是去求做各种意义上的超人、非人、后人，也有它的内在理由。因此，儒家是人类精神世界中的极珍稀物种，其中蕴含让我们抵御现代化、全球化中的非人倾向的"青蒿素"。儒家认为孝是"德之本"（《孝经·开宗明义章》），因为它最深浓地反哺着、护卫着人类的家园或生存时间，而拒绝个体永生的一切表现。流行世界的《哈利·波特》违反它作者的事后声明，展示的居然主要是儒家的伦理，这让我们对于儒家乃至其所深植于其中的人性开始不那么绝望。

[①] "He noticed that she was crying; smiling, but crying at the same time." "He had a powerful kind of ache inside him, half joy, half terrible sadness. How long he stood there, he didn't know." (Book I, chapter 12)

[②] ［德］尼采：《苏鲁支语录》，徐梵澄译，北京：商务印书馆，1992年，第6页。

人及其本性是不完善的，他/她会犯错误、不普遍有效、畏惧进步，还总有生老病死；但这并非上帝没有把他/她创造好，或上帝的能力不够，而是他/她的生存就需要这种所谓的不完善，也就是需要生存时间的不确定、不平滑、不守常，以及这时间的连续、互绕、多维、多层，以便在其中得到意义家园，快乐、平和、共存、天真地进化。创造人的首先是父母，各种意义上的父母；上帝是后来的，而且要通过父母的道成肉身才能被我们感受。人活的首先是家，而不是任何其他"单位"；而人的美好首先从孝爱父母开始，并非从其他更高或更低处开始。所以不能对人做基因上的升级改造，毕竟，在原初的意义上，"身体发肤，受之父母，不敢毁伤"（《孝经·开宗明义章》）。各种意义上的魂器都是邪恶的，主要因为它源自并进一步实现追求不死的反家倾向，分裂我们的灵魂和生存；所以夫子说："君子不器。"（《论语·为政》）

〔原载于《外国哲学》（第23辑），商务印书馆2012年版〕

下篇

比较视野下的儒家文化

中西哲学传统形态的比较

中国人从 19 世纪末以来研究的哲学，从根本上说是比较哲学，因为中国历史上从来没有过"哲学"这个词，它是对西方"philosophy"的翻译。中国的一些学者如胡适、冯友兰先生到西方学习西方哲学，知道了有哲学这门学科，用此方法来看待中国传统的古代文献，从中切下来一些部分，说这个属于哲学，那个属于宗教，那个属于文学，这样就建立了中国哲学。所以，中国哲学实际上是用了西方人的方法和标准，然后把我们的经史子集中认为是哲学的东西挑出来，按这样的方法揉合而成。

一、"天生的侏儒"还是"智慧的长者"

不少人迄今为止对"中西哲学比较"这门学科缺乏足够重视，并且对这门学问的方法和内在的东西毫无所知，所以出现中国哲学的合法性问题：中国历史上到底有没有哲学？这个问题能够提出是因为中国的所谓哲学是一个比较的产物。你比较得不合适，人家就会说，你用西方的方法解释的老子不是真正的老子，中国古代没有你们说的哲学。当然，这样的说法可能有些贬低的含义，说中国古代没有哲学，只是一些伦理学和世俗的智慧，没有真正上升到概念的高度；还有一种说法有推崇的含义，像当代一些西方人说，中国古代那不是哲学，那是真正的智慧，是更高的智慧。

在中国古代，《易经》被认为是中国智慧的根基和一切学问的基础，它用卦象来表示整个世界的抽象结构，这种思想在西方人看来很奇怪。其实，中国人确实达到了一种普遍性的思维，比如用一个横线代表阳，一个断线代表阴，代表整个世界的原则，这毕竟达到了一个抽象的高度。但是黑格尔认为，这个抽象在西方人看来是非常原始的、低级的，能把这么具体的东西直接赋予那么抽象的意义,在他们看来是缺乏概念思维能力的民族才会这么做。

因此,我的看法是必须研究比较哲学,如果不研究,就会一下子进入西方某个哲学家或哲学流派的思维框架里。其实,黑格尔或者有两千年传统的西方哲学并不代表哲学的全部。换一个角度看,比如在当代西方哲学视野里,中国哲学的地位马上发生彻底变化,从一个"天生的侏儒"一下变成了一个让人崇敬的"智慧的长者"。比较哲学的一个重要作用是开拓我们的视野,让我们不要在没有反思、没有审视的情况下,就一头栽到对我们绝对不利的哲学方法论和框架里。

接下来我们只比较两种哲学的传统形态,西方传统哲学起源于古希腊,而中国传统哲学可以从《易经》算起。

二、"变"与"不变"

我们平常认为是真的东西,形式一变就假了,变得虚无了,那么到底世界上什么是真的?即所谓的本体论问题或终极实在问题。中西哲学有重大不同,西方传统哲学认为,终极实在是一种不变的东西,比如你看到花的颜色是红的,第二天看到另外的花的颜色是蓝色的,那么,"花是红的"就不代表终极实在。在西方传统哲学中,现象是可以变化的,今天这样,明天那样,但真正终极实在的东西是不变的。

柏拉图的前辈巴门尼德建立了西方哲学里最重要的"存在",他发现"存在"对于探讨终极实在是最重要的。他认为"存在"的各种表现是可以变化的,而"存在"本身是绝对不会变的,就像他的一句名言所说的,"存在是存在的,不存在是不可能存在的"。实际上,西方哲学核心部分就是从这开始起源的,后来出现的逻辑只不过是对它的一种严格化,相当于逻辑里的同一律和矛盾律,但是这里面有很深的思维方式,在希腊人听起来充满了内在的智慧和含义。被西方人认为是最伟大哲学家的柏拉图就是顺着这个思想再往下走,认为世界上有千变万化的现象,但是之所以能够有这些现象,能够使人们认识这些现象,是因为在现象背后有一个理念。比如世界上所有的花,我们为什么都叫花,这不是习惯,不是约定俗成,后面一定有一个花的理念在支持花的表现和人们对花的认识,所以你认识花。光知道这个花那个花,不算是对花有很深的认识,真正的认识是通过花的表现,最后能把握花的理念。这个理念是客观的,是超越了所有现象的一个完美的花的理念和模型。柏拉图认为最真实的东西是在现象之上的理念的世界,每一类东西都有它的理念来保证它,最后有一个至高无上的善的理念,成为给所有事物和人间带来存在和光明的太阳。有一句名言:"两千多年的西方哲学史不过是对柏拉图思想的不断注释。"实体不可变,特性可以变,所以西方人认为最真实的东西是不可变的。

黑格尔的哲学是辩证发展的哲学,其最深之处在于以不变应万变,我们学的辩证唯物主义认为整个世界是在运动之中的。我举一个例子,黑格尔认为事物发展是由低级到高级的,这种辩证发展永远是一个从低级到高级、从抽象到具体的过程,这个发展方向是不变的。那么凭什么说前途是光明的,道路是曲折的?在这一点上,它的不变性就体现出来了,所以,从黑格尔之后,当代西方哲学家在刚开始都要通过批判黑格尔,攻击传统西方哲学,攻的就是这一点。有一种不变的核心保证,它支撑了世界所有的存在和知识。

相比西方,中国在这一点上的看法是很不一样的。中国以《易经》为代表,认为终极实在本身是在变化的。两边都讲变和不变,但出发点和侧重点不一样,一个是以不变为最真实,是通过不变来理解变;一个是以变为最真实,在变中求不变。中国人实际上理解终极实在的方式是立足于变易,而力求达到某种不变(相对稳定)的变化样式,这种思想规则或者说思想方式,在中国和西方很不一样,黑格尔无法理解《论语》的妙处就在这里。

孔子认为,人们抓住的定义永远只是刻舟求剑、守株待兔,孔子看重的是在人生的生活情境中点拨出的真理并举一反三。学生来问问题,孔子认为时机没到,根本不说,一定要到学生已经感觉到问题的某种解决可能,但是又说不出来,在这样一种时机之中,孔子才会教他。而且,教他一次,他不能融会贯通,就不再教了,因为他的时机还没到。孔子的哲学认为,真实的东西是变化的、有时机的、有时间性的动态过程,没有离开动态过程的花本身、美本身、善本身。孔子《论语》里有一百多处谈到"仁",没有一处"仁"可以被视为定义。西方人去研究孔子,他们认为《论语》表面上看很容易读,但实际上却充满了神秘和困惑。孔子认为终极实在是处于不断变化之中的,想把它清楚地当成一个对象固定在那里,是不行的。

三、真理的"静态"与"动态"

"真"是什么?用亚里士多德的话,把存在的东西说成是存在的,把不存在的东西说成是不存在的,是其所是,非其所非,这就是"真",反之就是"假"。这是西方的传统真理观,认为真理是不变的,与对终极实在的想法是相通的。

"真"是超时空的,是与错误不相融的,或者对或者不对。这种真理体现在知识上,最典型的就是逻辑、数学,然后就是科学。科学的真理本身是不应该变的,牛顿力学怎么能错?爱因斯坦相对论产生以后,尤其是量子力学产生以后,对西方整个的真理观有很大冲击。所以,这样的真理观从根本上是静态的真理观,真理就是我们的知识能把握住的不变实体。这种真理当然是不变的,而且实体只有一个。那么,我们把握它的方法也只能有一种,所以,真理是唯一的。

中国古人对真理有另外一种看法,认为真理不是静态的,真理从根本上是一种发生型的,一定是在某个时机发生出来,然后影响到人生,影响到整个局面,这才叫真理。如果用"实践真理"的话语,就应该说"实践是真理发生的唯一途径"。在中国古人看来,真理一定是带有时间性的,但这个时间性不只是物理时间,一定是"时机化"的。"时机化"是说真理一定是在某个时机、某个时刻生成的,被当下活生生地体验到的,而且是牵一发而动全身的。比如,在 20 世纪 70 年代末 80 年代初的改革开放时期,邓小平发现了那个时代的真理,改变了中国人的生活,按中国人的看法,这是真理。因此,中国人认为的真理与西方那种超时空的真理不一样,真理一定带有活的时间性,不能脱离人的生活体验与生活方式。

老子讲"为学日益,为道日损",学习是越学越多,而学道则要把知识逐渐减少直至全部忘掉,最后达成与周围的形势合为一体,触机而发,这才叫"道"。所以,中国人的真理观里有一种强烈的历史感,跟时间相关,认为英雄造时势、时势造英雄。英雄应该被理解为掌握时代真理的人,世界上没有一个能通贯所有历史的观念化真理,只有在不同历史时期,根据时代的需要、势态而变化的真理。中国人对忠奸、善恶、是非的判断永远无法脱离历史情境,而且认为一定要把历史情境讲出来,这样才能理解他人的行为,对他的判决才是真正到位的。

四、"二元分叉"与"一通百通"

在西方,实际上是对两个世界进行划分,一个是我们活着的现象世界,还有一个是更高的理念世界,叫实体世界也好,神的世界也好,或者叫一个更加理想的美好世界也好。对两个世界的划分在西方人思维方式中是根深蒂固的,在宗教问题上、哲学上、科学上都有体现。西方的文明处处都有二元分叉,其中很典型的表述是柏拉图著名的四线段之分,他把整个世界一条线切开,分成两个世界,上面的世界是存在的世界,下面的世界是现象的世界。然后再分,各自切一刀,一共分成四块,这四块里,最低级的几乎没有真理,就是现象的世界,纯现象的、想象的世界。第二个世界是我们日常认为的看法,包括对事物的常识认识,这些都属于下面的现象世界。上面又分两层,第一层是数学的真理、数学的世界。数学世界是真实的,但还不能穷尽真正世界上最深的真理。最高一层是存在的世界、理念的世界,也就是追求存在的哲学世界。所以,在这样一个思想文化传统中,知识与感情、行为是分开的,我可以非常憎恶一样事物,但我对它的认识不应该受影响。

卢梭的《忏悔录》写得很动人。卢梭一生追求真理,追求正义,但他本人做人一塌糊涂,把他所有的孩子都送到孤儿院,他的行和知完全是没有关系的两回事。西方人觉得这很正常,他们认为事实和价值是分开的。在学术上,哲学与文学、艺术、宗教都是分开的。

中国古代思想的影响恰恰是没有两个世界的隔离。学问、知识都讲究举一反三、一通百通,身心天然合一,认为最高智慧是可以打通这些的。所以中国以前的文人就儒家而言,也是要经史子集都通的,没有谁只学哲学，哲学和历史根本就是融在一起的。中国古代的学术思维方式不可能产生西方意义上的科学和学术，但这并不证明中国古代缺少智慧，中国古人对学科分类或这种对象化的学术充满了警惕。中国人讲"君子不器"，这被认为压抑了科学的思想发展。实际上，中国古人有另外一种考虑和另外一条思路。

五、"非此即彼"与"大象无形"

西方哲学家认为非此即彼，中国不是，中国人从来都是时机化、中道化、和谐化的思维方式。这不是折中主义，而是说真正的真理是在具体情境中产生的。只用是或非事先来规定，后加以逻辑上的判决，这不是真正的中国古人做学问的最高境界，认为真正的真理不是事先规定下来的。中国哲学思想的特点是"象思维"，西方哲学思想的特点是"概念思维"。西方人理解世界是通过概念去把握，通过定义抓住事物的本质，然后用概念来刻画，再通过逻辑推理来扩展知识。所以，我们的认识对象都是可以被概念对象化的。有些抽象的东西，比如，我们如何理解勇敢？柏拉图说："只理解勇敢的一个个特别的事例，那是不行的，要抓住勇敢本身。"把它作为一个观念范畴来把握，通过定义显示它的本质。数学中对什么是整数、什么是分数，都是通过定义来把握的，这就是所谓"概念思维"。什么是"象思维"？象表面是指图像，但不是指这个具体的像，而是动态的无定型的象。老子说"大象无形"，并不是说，我认识一个杯子，这个杯子的图像在我的脑子里。比如，学骑自行车，你刚开始不会骑，到你学会骑的时候，你学会了什么？按象思维的说法，是你领会了骑自行车的象，这个象本身是动态的，它没有形状，你只觉得领会到了这个东西，所以你在骑得最高兴的时候，你根本没觉得你和车是两个事物，你们是主客合一的，是你在自动地调解动态的过程。

六、中国需要文化复兴

简单来说，我们需要向当代西方哲学更多地开放，而且是有选择地、有自己民族文化意识地吸收真正有益的东西。

文艺复兴、民族复兴一定要复而兴之，没有一个"回旋"的空间，只是直线地向西方发展，朝向全球化发展，根本谈不上文化的复兴，而整个是一个文化的殖民地。真正伟大的民族、伟大的文化哪一个是靠批判传统来进步的？而在中国，到目前为止，还没有多少人真正意识到这种"回旋式"开放的必要，不少人抱有"21世纪是中国人的世纪"这种盲目的自信，毫无民族文化源头地全盘西化或全球化。就此而言，我认为中国哲学在未来面临着重重艰难，任重道远。

（原载于《现代国企研究》2011年第5期）

中国传统哲理与文化的阐释原则之我见

中国近现代学术反映了中华民族在近现代的命运。今天,"西学"既是我们生活于其中的学术现实,又是我们在解释自己的古代文献时不可完全逃避的方法论前提。在这种西风压倒东风的形势里,就更需要思考,什么是阐释中国古代哲理与文化的比较合理的原则,因为在这方面,我们确实有选择的可能。

最重要的原则是要保持原来文献与思想的生命。阐释一个文献,甚至一个文化,可比于规划开发一块土地,其做法的不同,确实会导致是保持还是毁灭原来土地的内在生命的不同结果。由于中西哲理和文化之间深刻、巨大的差异,以及各种形式的西方中心论的盛行,这个"保持文化与哲理的活体生命"的原则就更是极其重要,在以往的许多情况下也未能达到。首先,为什么一定要保持原本思想的生命呢?做成学术标本,在现代不是更实用,更符合"历史发展的规律"吗?但那样不仅会丢掉许多原本的信息,而且这个被阐释的东西,也就无法再在真实意义上存活、延续,并起到只有一个活体才能起的作用,就如同一种植物、动物或一个生态系统。所以,"阐释"如果只是在征服思想与文献,而不是让它本身获得当代生命,那么其价值就要大打折扣了。其次,如何才能保持被阐释者的生命呢?这就要求将它当作一个"身心"不分、靠某种特殊生态环境才能成活的生命体来看待。也就是说,不要企图忽视它的表达方式、表达介质,而去按一个硬性的方法论框架,直接剥离或抽象出它的思想实质。比如去解释孔子的"仁"、老子的"道",就要充分尊重《论语》《道德经》这些文献本身的表达质地与脉络。"仁"不能简化为"爱人"加上道德金律式的"推己及人",而要看到"孝悌""言讱""知难""好学"等的原本参与,因而需要某种更根本的"一以贯之"的理解。而孔子生活于其中的"春秋格局",

也是不容忽视的理解环境。比如，那时的社会与政治格局是"一文多国"或一个大文化中的多个小文化和多个国家，这就与我们更熟悉的秦汉之后的格局，尤其是20世纪以来的格局大为不同，而这种不同确实会以边缘的方式浸入我们的理解。此外，孔子和他的同时代人使用的是先秦"古文"，它们与隶变之后的中文有不可忽视的不同思想效应。没有关于这些思想的土壤节气、鸟兽草木和诗歌礼乐的强烈意识，如何能维持原来成活于其中的思想的生命呢？

第二个原则是要尽量分清各种西方学术方法的阐释效果，也就是搞清楚哪种方法有利于、哪种不利于保持中国古代文献与思想的生命，可简称为"夷夏互动的方法之辨"。那种从方法上盲从某种特别能压抑和窒息中国古学生机的西方学说的状态，再也不能继续下去了。导致这种状态的一个重要思想原因是某种"进步"理论，或在这种进步观笼罩下的"阶段论"。按照这种理论，人类社会与思想是按某个统一模式来进步或发展的，并分为从低级到高级的阶段，而我们活生生的历史生存就只能按照这些阶段来亦步亦趋。起自所谓低级阶段的文化与思想，不可以跨越任何一个阶段，要老老实实地通过"补课"来变得进步或先进。受到了这种进步观的影响，那些20世纪中国哲学研究的开创者们，专拣一些与中华古学的思想品质——即不离变易过程本身地寻求真道，所以不相信概念逻辑与实证方法的终极有效，而看重变易的时间样式与理解它的技艺方法——对峙的西方哲学方法来治中国哲学，比如属于柏拉图主义的新实在论、科学实证主义、辩证逻辑等，因为这被认为是在补中国所缺少的"科学""逻辑"之课。这是恶补、恶治，其结果只能是被补被治者的僵死与标本化。

在涉及不同的文化结构，而不是在一个结构中做内部发展时，阶段论是不成立的。尤其是，如果它要以被进步化的文化思想的原本生命为代价来取得时，就丧失了最后一点合理性。我们不必先把老北京城墙和四合院拆毁了，把北京变成一个现代化的工业城市之后，再来反思这现代化的弊病；也不必拆迁首钢和东郊工厂群，收集些残砖剩瓦，发些思古之情。那时"在高级阶段上的辩证综合（所谓'正—反—合'）"已经是虚假的了，只能靠些老照片、高科技和商业炒作来"繁荣传统文化"了。更合理的方法是，在当初就采取梁思成的建议，尽量将北京古城作为一个文化活体完整地保留，将现代化的北京作为一个与之不同的新城建在旁边。对待中医也是这样，首先要将它作为一个活体保持下去，在充分尊重它的思想生命原则的前提下，做出当代性的调整；而不应像已经做的那样，进行以实证主义化西医为模本的"中西医结合"，导致中医生命力的急骤衰退。所以，在处理文化间的问题时，多元论要比阶段论高明得多。

西方传统哲学乃至其整个思想的主流是一种"形式突出地一体化"的学术，即认为最真实者是通过某种形式（比如数、形、概念范畴、制造模式）来把握的高级对象或普适原则。它在近代和现代的集中表现就是高科技，并因此在所有西方化到达之处造成对于这种科技力量的崇拜，以及对于其他文化与知识的蛮横摧残。所以，要合适地阐释中国传统哲理与文化，去除某一种方法的独裁，就必须辨析清楚西方来的高科技的有效范围、它能够解决人类最重要问题的局限，以及它本身可能带来的人类灾难。哲学界的西方中心论的根源，在很大程度上来自高科技崇拜及其人文变种。当代西方哲学与科学理论本身带来的革命性变革的思潮，之所以在最近几十年内又被英语、德语学界并无多少新意的复旧思潮在一定程度上掩蔽，最重要的原因还是高科技崇拜，当然还有冷战结束后西方自信心的增强。其实，解除这个非理性的高科技崇拜魔咒的思想利器在某种意义上已经有了，这就是黑格尔之后西方多种新的哲学、科学思潮的出现，生命哲学、现象学、维特根斯坦哲学，乃至库恩的科学哲学等，都非常合理、犀利地破除了"形式一体化"的西方传统的思维方式的独裁，带来了可贵的多元倾向。但是，西方语言强大的复旧潜力，英美分析哲学抵制维特根斯坦的某种联盟、全球化的现实和各种利益的驱使，使得这些真理之声被埋没在一浪又一浪的真诚的或不真诚的谎言之中。这件"皇帝的新衣"笼罩着这个时代。

因此，第三个原则就是要尊重任何原生文化与哲理，自觉抵制任何形式一体化或思想方法全球化的主张。既然我们为了中国古代哲理的生命保存，要破除狭义的"哲学"用法，不再认为哲学只能是概念化、逻辑化、实证化理性的终极表现，而将它扩大或深化到任何合理的终极探讨，那么，我们就没有理由只将"哲学"限于西方、印度和中国（或东亚）。比如印第安文化、澳洲原生文化、非洲文化等，只要发展出了追究世界、人生的终极问题的思考，就是广义的哲学思想。而现在正在成熟的环境哲学、女性哲学等，也应受到我们高度重视，它们思考的问题和思考的方式，在我看来远比那些体现西方科技霸权的"认知科学"更有哲学深度得多。这样看来，我们视野中的哲学谱系就加宽加深了许多，有丰富依据的哲学比较才可能出现，就像近代视野扩大所导致的语言比较的成功一样。套用马克思的说话形式，我们可以说：只有从哲理上解放全人类的各种民族文化，中华民族自己的哲学、科学与文化才能得到真正的解放和自由，赢得一个复兴的空间。

从哲学方法上讲，这个原则要求在解释学的视域融合之前，首先确立一个密释学（由德国罗姆巴赫创立）的原发和多元化的视野，即尊重和承认任何一个思想与文化活体独自形成和维持一个特别的意义发生结构的必要与权利，也就是各自具有一个独特的"面孔"（列维那斯）的权利。唯有这样，随后的文化间与思想传统间的对话才能是"他者"间的真对话，而不是变相的通吃，"视域的融合"也才有了真实的文化际的居间生成的能力，而不沦为变相的主体主义、客体主义或相对主义。

〔原载于《西北大学学报》（哲学社会科学版）2007年第4期〕

中国古代思想能否被概念化？

——与陈嘉映君商讨

陈嘉映君《缘就是源》一文[①]是对我所著《海德格尔思想与中国天道》[②]一书的评论。它没有涉及此书讨论海德格尔的前一半，令我微感遗憾；但其阐述第二部分的热忱令我感动，故在此做一呼应，以凑成一盘研讨有关问题的"棋局"。

读此文后的一个感觉就是，要达到思想的真正对话，实在不易。下棋的双方如不先将两边的棋子、位置、走法等讲清楚，就无从对弈。将某些对方并不主张的说法归于他，然后与之争论，这争论也就少意寡味。而一些基本的"关键词"或"概念"的含义不清，也就使跟着讲的东西含混。所以，我下面要做的是，首先力图廓清讨论的形势，消去一些无根据的假想敌，然后找出双方分歧的真正所在并分析它们。我感到，这些真实的分歧确是值得讨论的。至于双方比较接近之处，因篇幅所限，就不涉及了。

一、《海德格尔思想与中国天道》是否将西方、印度和中国思想"排出低、中、高的座次"[③]？

否。排这样的座次是此书从方法上就排斥的。既然认为一切真理都与时间境域和语言境域内在相关，就不可能承认有这样一种最终标准，按照它可以排出"一个从下到上的等级层次"[④]。为讨论方便而讲"天下三分"[⑤]，并不等于要在这三者之间排出这种等级层次。而站在"三分之一"，

[①] 陈嘉映：《缘就是源》，《读书》1998年第12期。
[②] 张祥龙：《海德格尔思想与中国天道》，北京：生活·读书·新知三联书店，1996年。
[③] 陈嘉映：《缘就是源》，《读书》1998年第12期，第120页。
[④] 张祥龙：《海德格尔思想与中国天道》，北京：生活·读书·新知三联书店，1996年，第199页；陈嘉映：《缘就是源》，《读书》1998年第12期，第118页。
[⑤] 陈嘉映：《缘就是源》，《读书》1998年第12期，第120页。

比如中国思想的视野里打量其他两者，分析它们与自己的远近亲疏，也不意味着以这三分之一的特点为最终标尺来衡量其他两者。《海德格尔思想与中国天道》讲："三者达到这种［对终极问题的］领会的方式各自有别，由此造成了风格迥异的三条道路。"① 使它们"迥异"者即它们各自理解终极问题的"方式"，也就是此书里讲的"技艺"或"几微"②；这技艺应被理解为使一个思想传统得以长久维持生机的"（格式塔）结构"或"游戏规则"。由于各个思想传统所赖以生存的基本结构或技艺的不同，它们之间并没有直接的可比性。

《海德格尔思想与中国天道》认为西方思想的几微是数学，它使人能在"形式"的层次上做出活泼精妙的思想游戏。西方传统哲学从数学中获得灵感，想将这种纯形式的构意游戏以概念化的方式移植到语言中。但是，"几乎从一开头，即自柏拉图和亚里士多德开始，这形式在哲学中就没有具备它在其母胎——数学——中的那种纯构成的形态"。③ 西方传统哲学相信它能凭借概念化而达到普遍的、超出现象和时间境域的本质真理，建立一门科学的形而上学。而且，据柏拉图《国家篇》讲，由于它相比于数学是更无前提的，完全不用"象"而只靠"理念"，因此可以达到绝对真理。这就是《海德格尔思想与中国天道》真正要批评的西方传统哲学的方法论，尽管它完全不否认这种哲学的历史价值和与其对话的必要性及重要性。就其进行概念建构的主导方向而言，西方传统哲学不但不能保持数学的活的技艺，"做不出真正有趣的思想游戏"，④ 而且自认能获得唯一无二的概念真理，并据此来为世界各民族的思想"排出低、中、高的座次"。

二、什么是概念和概念思维？

嘉映君写道："我们真正要克服的，不是概念思维具有的两向性，而是

---

① 张祥龙：《海德格尔思想与中国天道》，北京：生活·读书·新知三联书店，1996年，第194页。
② 张祥龙：《海德格尔思想与中国天道》，北京：生活·读书·新知三联书店，1996年，第205页。
③ 张祥龙：《海德格尔思想与中国天道》，北京：生活·读书·新知三联书店，1996年，第196页。关于数学的纯形式与哲学的普遍化概念的区别，见《海德格尔思想与中国天道》对康德的讨论（第4章）和对海德格尔"实际生活经验的形式显示"方法及其与概念普遍化方法的区别的阐述（第16章第2节）。
④ 张祥龙：《海德格尔思想与中国天道》，北京：生活·读书·新知三联书店，1996年，第200页；陈嘉映：《缘就是源》，《读书》1998年第12期，第120页。

用某一对'范畴'来概括天下万物的宏大理论。"① 并认为"我们最原始的感受与最基本的思考"中都有这"两向性"和"二元宿根"。② 这种看法令我深感诧异，也因此才明白了嘉映君的许多说法的一个重要的"概念"来源。我相信，学术界是从来不这么使用"概念"和"概念思维"的。随便找一本哲学教科书、哲学词典，或一般的中文词典，都会发现这样的对"概念"的定义。在《现代汉语词典》中解释如下："人类在认识过程中，把所感受到的事物的共同特点抽出来，加以概括，就成为概念。比如从白雪、白马、白纸等事物里抽出它们的共同特点，就得出'白'的概念。"英文《韦伯字典》的有关定义是这样的："Concept"是"对特殊例子做普遍化而得到的抽象的和一般的观念"。另外，"[概念是]反映事物的本质属性和特征的思维形式。……概念具有抽象性和普遍性。……任何一个概念都是通过语词来表达的，……一般说来，实词都表达概念，而虚词不表达概念。"③ 如果这些词典基本上反映出当今中国学术界使用的"概念"一词的含义的话（我相信是这样的），那么毫无疑问，在"我们最原始的感受"里，比如"感受疼痛""看一块红色"和"受一段音乐感动"里是没有这种概念的，因为那时人还没有"把所感觉到的事物的共同特点抽出来，加以概括"，他或她所体验到的还不具有概念的"抽象性和普遍性"。而正是由于这种抽象和普遍，使得概念思维从根本上做出了抽象与具体、普遍与特殊、本质与现象等二元区别，并认为概念思维把握的是"事物的本质属性"，与概念所处的具体情境无根本的关联，因而是"更高级"的。《海德格尔思想与中国天道》一书就是在这个学界通用的意义上使用"概念""概念思想"和"概念哲学"的。④

至于嘉映君讲的"两向性"，从他给的例子（"思考的方向""好恶"，乃至中国人讲的"阴阳"等）来看，则不同于概念思维必定带有的逻辑上的二元区别，因为"方向""好恶""阴阳"不必有抽象性、普遍性和不变性；而且"左右方向""喜怒哀乐""阴阳二气"中的"两向"从逻辑上是

---

① 陈嘉映：《缘就是源》，《读书》1998年第12期，第122页。
② 陈嘉映：《缘就是源》，《读书》1998年第12期，第122页。
③《逻辑学辞典》编辑委员会编：《逻辑学辞典》，长春：吉林人民出版社，1983年，第802—803页。
④ 张祥龙：《海德格尔思想与中国天道》，北京：生活·读书·新知三联书店，1996年，第197页。

不可分的，也没有高级低级之分，且其含义多与人的感受情境息息相关。现象学特别是海德格尔的解释学化了的现象学，以及后期维特根斯坦的学说对现代思想的主要贡献之一就是揭示出，人在"最原始的感受和思想"中的视野朝向，以及词语在使用中获得的意义不同于概念化的有关说明和定义，甚至可以从理性上加以理解。"思想"并不等于"概念思维"，形而上学的衰落并不等于西方思想影响力的衰退。

三、海德格尔和后期维特根斯坦的思想方式是概念思维式的吗？

嘉映君讲："海德格尔始终不曾否弃概念和概念性，维特根斯坦更不会那样。"[①] 对这种说法，我只能同意到这样的程度，即此二人并非不用"概念"这个词，但这与看待他们的思想方式的特点是两回事。考虑到"概念"一词在日常使用中的意义泛化，如果不厘定"概念"和"概念思维"在《海德格尔思想与中国天道》和学术界里的准确用法，就无法进行有效的讨论。为此，上一小节就介绍了这个重要"棋子"广为中文学术界所接受的"初始位置"和"走法"。更何况，海德格尔还有不少有意识地主张"非概念思想"的话，比如："伟大思想家……都非概念地思想"[②]，"'共同'和'也'是生存式的，不能通过范畴来理解"（《存在与时间》）。"思想的严格并不在于……概念的技术上的和理论上的严格性"（《路标》），等等。

维特根斯坦主张：一个被认为去表达某种概念的词即使不满足传统概念理论的要求（比如普遍性和抽象的确定性），也可以有意义，甚至在某种情况下更加有意义。在某种语境中，"举例子"是比"普遍性的说明"更合适的表达方式或"游戏"方式。简言之，一个词有无意义只与它能否在语境中被使用有关，与它是否满足传统哲学中对概念思维的要求无关。我想问：如果这不是《海德格尔思想与中国天道》和本文所认为的非概念的（注意，不是"反概念"的）意义学说，那什么是呢？维特根斯坦或许不反对活在人的生存设定中的"形而上学"和"哲学"，因为它们有生动的"使

[①] 陈嘉映：《缘就是源》，《读书》1998年第12期，第121—122页。
[②] 张祥龙：《海德格尔思想与中国天道》，北京：生活·读书·新知三联书店，1996年，第60页。

用";但他从来就强烈批评理论的、概念化的形而上学和哲学,因为它们"让语言放了假",在抽象的普遍性和确定性中打空转。从多年的教学中我感到,理解维特根斯坦和海德格尔的最大障碍之一,就是看不出他们的思想与传统概念哲学在方法上的区别,似乎其新意只来自一些新的主张;而缺少哲学史的素养和对哲学"概念"的清明意识,不能将这二人的思想与传统哲学做真切对比是形成这种障碍的重要原因。

四、中国古代思想能通过概念化而得到说明吗?

嘉映君认为:"概念和观念是我们离不开的……审时度势,'中国思想方式'恰恰需要增进其概念建构的强度而非反之。"[1] 主张中国思想"要增进其概念建构"不是嘉映君首创。从20世纪早期开始的"中国哲学史"的研究无不希望增进这种建构,比如冯友兰先生就力倡"逻辑的科学的"治中国哲学的方法[2],前些年一些学者还提出要将中国古代思想"范畴化"。所以,嘉映君认为"直到今天,我国学界仍有这个不注重实验与分析而单好宏大理论的毛病"[3],并视之为"中国当前的学术水准大大低于西方"[4]的一个主要原因,就不够准确了。"概念分析"与"宏大理论"在西方传统中根本不矛盾,反而都是"概念建构"所要求的。柏拉图、亚里士多德、阿奎那、斯宾诺莎等都注重概念分析,也都有宏大理论。而认为概念建构不是最重要的探究思想本义的方法的人,比如维、海二位及德里达等,反而会更注重对语词在不同语境中的不同含义的分析和揭示,完全不像嘉映君所认定的那样,一旦概念化做出的"现成的二元区分失去逻辑效力"[5],就意味着"其他区分也一道消泯"[6],或是漆黑的"混沌未开"[7]。

真正的问题在于,即使对中国古代思想做了详密的概念分析,达到了能被概念把握的普遍性和确定性,对于那时主流思想的原本意义就得到了

---

[1] 陈嘉映:《缘就是源》,《读书》1998年第12期,第121页。
[2] 冯友兰:《中国哲学史》,北京:中华书局,1961年,"绪论"第二节。
[3] 陈嘉映:《缘就是源》,《读书》1998年第12期,第123页。
[4] 陈嘉映:《缘就是源》,《读书》1998年第12期,第118页。
[5] 张祥龙:《海德格尔思想与中国天道》,北京:生活·读书·新知三联书店,1996年,"引言"第6页。
[6] 陈嘉映:《缘就是源》,《读书》1998年第12期,第123页。
[7] 陈嘉映:《缘就是源》,《读书》1998年第12期,第123页。

说明吗？进行这种意义上的"概念建构"，除了涉及后墨、名家等特殊情况之外，能增进我们对"道""易""仁""时中""势""中观"和"禅性"的真切理解吗？比如，将"道"分析、抽象为"最终实体""宇宙的总规律"，或认为"阴阳"是一对概念范畴①，是帮助还是阻碍我们原本地理解《老子》《庄子》《易》呢？我必须承认《海德格尔思想与中国天道》一书是不同意并批评这种研究途径的。②

孔子、老子、庄子、惠施等都极不愿甚至反对做"概念建构""概念分析"和建立"宏大理论"，认为那种方式根本达不到真际。他们注重的是"艺"的语境、"时"境、"自然"的原发气象和意境，而这倒是与海德格尔、维特根斯坦这些"后形而上学"的思想家更亲近。因此，通过这些非概念建构，但又是更纯粹、更生动的理性探讨方式来分析和接近中国古代思想，就比较有可能找到沟通的脉络，形成较贴切的和富于时代感的理解。这里并没有"把西方思想的……后现代转向说得像是西方思想向东方思想的输诚［诚］"③，而是利用这个转向提供的更有语境和时境含义的新思路，来比较切当地理解中文古文献传达的东西；我们仍是在向西方学习，只不过不再只向概念化的传统学习，而是要转向后概念化的新视野罢了。而且，即使海德格尔思想相比于概念化哲学离中国古学更近些，但也足以远得和相异得让做"比较"者获得深刻的新东西。嘉映君担心的"把海德格尔老庄化，忘掉了海德格尔是西方哲学的传人"④，是又一个不存在的假想敌⑤。

嘉映君认为我们真正要克服的不是概念思维的抽象性和二元化逻辑，"而是用某一对'范畴'来概括天下万物的宏大理论"。这也就是说，可以通过多对概念范畴的"实验与分析"来更好地推进中国思想的概念建构。我很怀疑这种"多元化"的策略。假如概念方法本身的抽象性和无境域性

---

① 陈嘉映：《缘就是源》，《读书》1998 年第 12 期，第 123 页。
② 参见张祥龙：《海德格尔思想与中国天道》，北京：生活·读书·新知三联书店，1996 年的"引言"及第 11—16 章。我多年来的写作与教学都包含一个努力，即批评以西方传统哲学的概念方法来分析和建构中国古代思想，并寻求更合适地理解中国主流思想的方法和语言。新作有《中国古代思想中的天时观》（《社会科学战线》1999 年第 2 期）、《现象学视野中的孔子》（《哲学研究》1999 年第 3 期）等。
③ 陈嘉映：《缘就是源》，《读书》1998 年第 12 期，第 121 页。
④ 陈嘉映：《缘就是源》，《读书》1998 年第 12 期，第 122 页。
⑤ 海德格尔长期受到老庄思想吸引是个不争的事实，这一点直到最近才由于一些新事实的发现而摆脱了不少人的怀疑。

不利于理解中国古代讲究时境和语境的思想,那只从一对范畴扩充到多对似乎不解决根本问题。"学术水平大大低于西方"(此话亦失之笼统)的原因,如果就研究中国古代思想而言,似乎主要不是概念分析做得不够,而是方法的陈旧不当,即还在用西方传统哲学的概念方法来套中国非概念的活泼思想,圆凿方枘,自然总要落后。这就像用传统的西医理论来分析中医的阴阳五行说,分析不出真正有思想价值的东西,当然也就谈不上多高的学术水平;而用比较新活的、注重生存境域和过程本身韵律的方法来研究,则可能做出较高水准的工作。

至于嘉映君在文末提出的"'终极'最好不要和某些语词搭配"的建议,恕我难以接受。海德格尔没有说过"终极视野[域]"①,当然,我也不是因为蒂利希大讲"终极关怀",就觉得有理由可以这样搭配。嘉映君认为"'"缘起"的终极含义'就近乎矛盾用语",正反映出他对"终极"的概念化看法,似乎一讲终极就是终极的普遍性和确定性,与"缘起"大相径庭;殊不知《海德格尔思想与中国天道》正是认为终极,不管是用"存在本身"还是用"道""诚""仁""涅槃"来表达,是不可被概念化的,而一定要活现于时境、语境和世间境域之中,所以与"缘起"不仅不矛盾,反倒不可或缺。这其实也就是嘉映君引来当题目的"缘就是源"② 一语的含义,因为终极在《海德格尔思想与中国天道》中就被理解为人生和世界的意义本源。

(原载于《读书》1999 年第 7 期)

---

① 陈嘉映:《缘就是源》,《读书》1998 年第 12 期,第 123 页。
② 张祥龙:《海德格尔思想与中国天道》,北京:生活·读书·新知三联书店,1996 年,第 186 页。

人文精神的中西之辨与儒家文化

一、"人文"的中西之辨

(一)"人文"的词义

1. 西文

humanism——人文主义,人道主义;

humane studies——人文学科;

humane learning——古典文学;

the humanities——人文学科,古典(希腊、拉丁)文学;

humanity——人类、人性、博爱、文史哲学(人文学);

liberal arts——文科(自由人的学识);

liberal education——(自由人应受的教育,相对于职业教育)。

"世上有许多奇特,但没有哪种能比人更奇特。
他乘着冬天的南风,航行于惊涛骇浪之颠簸;
甚至敢于搅扰不朽不倦的地母,这神灵之最高贵者,
每年将她翻腾,用马拉着犁具来回耕作。
……
他进入了语言的鸣响
和像风一样轻快的思想,
能将一切加以领会,
有勇气来治理城邦。
他还想到如何避开坏天气,

那不利于他的雨箭刀霜。

……

只是，即便躲开了痛苦的疾病，

他还是逃不过死亡。

……"

——索福克勒斯悲剧《安提戈涅》的开头合唱

2. 中文

《周易·贲·彖》："贲［下离上艮］，亨，柔来而文刚，故亨；分刚上而文柔，故小利有攸往。［刚柔交错，］天文也；文明以止，人文也。观乎天文，以察时变；观乎人文，以化成天下。"①

《礼记·礼运》："故人者，其天地之德，阴阳之交，鬼神之会，五行之秀气也。……故人者，天地之心也，五行之端也。"

《说文解字》卷八："人：天地之性最贵者也。"

《说文解字》卷九："文：错画也。象交文。"

《论语·子罕》："文王既没，文不在兹乎？"

《论语·雍也》："文质彬彬，然后君子。"

《中文形音义综合大字典》："（16）现象曰文。例：人文、地文；又：'观乎天文，以察时变。'（《易·贲》）"②

《现代汉语词典》："'人文'，指人类社会的各种文化现象。"③

(二) 中西"人文"的共通与不同

1. 共通处

人是一切价值的核心。

人文乃人之所以为人者；人之文化者。

---

① 关于此引文中的"文明以止，人文也"，《周易译注》写道："文明，指卜离为火，为日；止，指上艮为止；人文，人的文采，指'文章''礼义'等。此举上下卦象，说明人类的文饰表现在'文明'而能止于礼义。义与前句'天文'相对。《集解》引虞翻曰：'文明，离，止，艮也。'《程传》：'有上则有下，有此则有彼，有质则有文；一不独立，二则为文。非知道者，孰能识之？天文，天之理也；人文，人之道也。'"

② 高树藩编纂：《中文形音义综合大字典》，北京：中华书局，1989年，第635页。

③ 中国社会科学院语言研究所：《现代汉语词典》，北京：商务印书馆，1997年，第1064页。

人文与教育，特别是广义的"艺"教育有重要关联。

人文经典"耐重复、要求重复"，与科学著作不同。

2. 不同处

（1）西方之"人文"相对于"自然""上帝""应用（职业教育）"而言，有强烈的人为性。

中华之"人文"与自然（"天文"）、鬼神和日用虽有别，但从根本上相互贯通、相互需要，最高的人文与天地、鬼神、人世浑然一体。

（2）西方之"人文"针对个体之人，力求使其独立、理性、富于美德。

中华之"人文"针对原发关系——亲子关系、天人关系——中之人，使其能够扩展、成就这种关系，同时获得教养、道德与智慧。

（3）西方之"人文"，是有闲者特有的教养，是在信仰、科学知识、生存保障和利益之上、之外的优游空间。

中华之"人文"，与最原本的阴阳发生过程息息相关，"文"字的交错结构与《周易·贲·彖》中所说的都表明这一特性。"观乎人文"，则可以"化成天下"，因为这"文"的根本就在夫妇、父子的男女之爱与亲子之爱中，所以它可以通过礼乐教化而风行天下，绝不限于有闲阶层的修养而已。像中医这样的古代科学中一样充溢着人文，关乎人生重大抉择的信仰也由人文造就。"故君子之道，本诸身，征诸庶民，考诸三王而不缪，建诸天地而不悖，质诸鬼神而无疑，百世以俟圣人而不惑。"（《礼记·中庸》）

（4）古希腊时的教育分为七科：法律、修辞、逻辑、算术、几何、和声学、天文学，其中法律与天文学之外，可大致算作人文学科。中世纪时"大学"从基督教的修道院中产生，分为人文学院（又译为文学院、艺学院）、神学院、法学院和医学院。人文学科内部又分为哲学、文学、历史、语言、艺术、音乐等。而人文学科与自然科学乃至社会科学（如经济学、社会学），以及职业学科（如法律、医学）都有明确的分别。

儒家有六艺：礼、乐、射、御、书、数（或诗、书、易、礼、乐、春秋）。道家、佛家、医家各有自己的教育或修炼方式。没有人文学科与自然科学及应用学科的分离，也缺少人文教育内部的严格的学科分离，六艺相互需要、相互促进、相互交融，儒家、道家与中医之间也有这种关系。《易》贯通几乎所有中华人文道术。

二、儒家乃深刻意义上的人文（人道）"主义"

（一）基本理由

儒家全部学说的出发点、实现方式、最后目标都是人（仁），活在现实的自然、族群和文化脉络之中的人，不像西方文化及其人文主义那样，预设了更低的基础（如经济、自然科学知识）或更高的原则［如对于人格神的信仰、对于某种"主义（含科学主义）"的信仰、对于发展规律的信仰］。所以儒家是彻底的中道学说，处在至上神与自然（如动植物）之间、过去与未来之间、（西方）宗教与（西方）科学之间、精神与身体之间、过与不及之间。它最深刻、贴切地体现和发挥出人类特性中美好致善的一面，绝不苟同于任何以更高或更实在的名义来异化人性，控制人生和扭曲良知的企图。比如现在流行的对于科学的崇拜，对于强力的崇拜，都不是儒家可以赞同的，更不用说那些五花八门的"主义"了，比如享乐主义、功利主义、信仰主义、国家主义……

（二）出发点

亲子之爱，即慈爱与孝悌之爱。"孝弟也者，其为仁之本与！"（《论语·学而》）"弟子入则孝，出则弟，谨而信，泛爱众，而亲仁。"（《论语·学而》）"贤贤易色，事父母能竭其力，事君能致其身，与朋友交言而有信。虽曰未学，吾必谓之学矣。"（《论语·学而》）

此点与西方的所有人文教育、宗教学说和哲学伦理学都不同，因为后者都以个人为出发点，或以个人与人格神（或某种超越实体，如国家、党派）的关系为出发点。儒家之所以要"亲亲"，不是什么"封建宗法"的影响，也不能只归于中华文化的特点，而是出于这样一个见地，即只有亲子关系或亲子之爱是原本发动的、至真至诚的，不受任何体制、教义、主义控制的，所以只有这种关系才配做人性的不二源头。过高（如对神的爱、对某种主义的爱）过低（如对钱的爱、对某种对象的爱）都容易变质，让人失去原本的自由与美好的源泉。

(三) 实现方式

亲子之爱从根本上是可扩充迁移的，孝悌之人而好欺男霸女、多行不义者，鲜矣。具有交叉换位的想象力，可以实现这种原爱的迁移扩展，而培养这种想象力的最佳方式不是科学、逻辑、戒条，甚至道德命令，而是"学艺"。"兴于诗，立于礼，成于乐。"（《论语·泰伯》）尤其是经过孔子"愤启悱发"（《论语·述而》）式的调教，让学生知之、好之、乐之（《论语·雍也》），在"忽后瞻前"而又"欲罢不能"（《论语·子罕》）的动人经历中成为"己所不欲，勿施于人"（《论语·颜渊》）的君子，"能近取譬"（《论语·雍也》）的仁人。所以这实现亲爱为仁爱的方式与过程，也是艺术化而人性中道的，不是那追求强力的科技、职业训练可比。

因此，这种教育依靠的不是知识前沿化、喜新厌旧的科学教科书或职业训练手册，而是传统经典与艺术。只有人文教育是不忘本的，只有经典是耐重复、必须重复的，而且可以在重复中出新开悟的。"学而时习之，不亦说乎？"（《论语·学而》）"温故而知新，可以为师矣。"（《论语·为政》）所以，这种教育可以深入农村，在"耕读传家"的传统中生生不息。

(四) 目标

儒家的经典与艺术学习，亦不同于西方人文教育的类似学习，因为前者有亲爱为根，以夫妇为端①，以修身齐家为业，以通变明德为能，以治国平天下为鹄的，以成就仁人为目标，殊不同于古希腊智者们设计的"七艺"的实用倾向，也不同于现代西式大学中人文教育的漂浮无根。

儒家人文教育的目标是成仁，高于西式人文教育，因为它不止于提高教养、开发出必要素质（如自保的知识、技术与意识）之上的闲暇人性，而是将高低打通，实现仁人的崇高品质。另一方面，它又不同于西方宗教信仰（以及高科技信仰）的可疑拔高，以贬低人性的方式来改造人性、重造"新人"。"仁者人也。"（《礼记·中庸》）"仁也者人也，合而言之道

---

① 《礼记·中庸》："夫妇之愚，可以与知焉，及其至也，虽圣人亦有所不知焉；……君子之道，造端乎夫妇；及其至也，察乎天地。"。

也。"(《孟子·尽心下》)儒家之所以这么讲，因为仁者只是一个"爱人"(《论语·颜渊》)，从爱自己儿女、父母，到好学爱学，再到"己欲立而立人，己欲达而达人"(《论语·雍也》)；说到底，儒家追求的唯一目标就是让人成为真正的人，即仁人，绝不更"高"或更"低"；增之一分则太长，减之一分则太矮，"子曰：'道不远人。人之为道而远人，不可以为道。'"(《礼记·中庸》)

三、结语

今天中国的大学乃西式大学，其中人文教育的基本视野是西方的，"国学"只是它的补充和装饰，如同"中西医结合"中的中医地位。因此，首先要认识到这种人文教育的异文化性和不通透性。而要改进它，使之中国化，就必须明了中西人文的关系，看出自家人文的危险境地，试图从这种人文教育的西方中心论中解脱出来，给中华人文特别是儒家人文一个独立存在并发挥真实影响的位置。所以，人文教育的文化多元化是必要的、亟须的。

(本文系作者2007年在"人文精神与大学教育"国际学术研讨会上的发言大纲)

从现象学到儒学，儒学转化现象学

一直以来，作者关注的学术方向有两个：一是现代西方以现象学为主的欧陆哲学，二是中国古代以孔子为主的先秦哲学。可以说，这是典型意义上的东西方比较哲学研究。那么作者是如何从现象学转向儒学，再从儒学反观现象学的？在学术研究的道路上，作者经历了怎样的历程？本文将以对话的形式予以呈现。

一、道路

问：张老师您好！对于我们这些已经失去了传统儒家社会熏陶的中国人，如何来真实地理解儒家、研究儒学，是一个严峻的问题。您首开以现象学的方式进入儒学的先河，并做了大量的工作，可谓自成一家。我们的访谈就围绕儒学和现象学来进行吧。

为了了解您的现象学经历，可能要先知晓您进入哲学的道路。所以，您能先来谈一下您和哲学的因缘吗？您是如何走上哲学之路的？

答：我出国前的哲学因缘可以分两个阶段来讲：一是上大学之前，二是出国之前。我不到17岁赶上了"文化大革命"，其间的经历改变了我的人生，才会渴望学哲学。当时出于想理解"文化大革命"的热情，我办了一份报纸，结果被《文汇报》批判为"一种反动的新思潮"。自此以后的十年间（17—28岁），我都处于很糟糕的境地，没有任何前途。这个境况让人很压抑、很绝望，所以我读了很多当时学生中流传的书，所谓"灰皮书""黄皮书"，有政治方面的（比如德热拉斯的《新阶级》），还有俄国和西方的现代文学和古典文学方面的，很受影响，但发现不能解决我所面对的人生问题。之后认识了贺麟先生。跟随他老人家，从读斯宾诺莎的《伦理学》开始，感受到了更根本、更严肃动人的东西，极受启发，好像找到了某种能拯救我人生的思想和信仰——一种与思想不分的信仰，由此走上哲学之路。一开始学的是西方的东西，当时还没有能力通过中国古代哲理来解决我当时的问题，尽管我对中国古代文学也很有兴趣。

上大学后，开始我也以学西方的东西为主。后来上了中国哲学史的课，对道家尤其是庄子非常感兴趣。我从小性爱自然，喜欢山水和农家的东西，一沾庄子就不得了；《逍遥游》《齐物论》，哲理和生命体验不分，而且能把人生带到那么一个至美至真的境界。所以中国哲学的魅力，那时是通过道家向我直接展示的。毕业的时候我只想过道家那样的生活，于是要去自然保护区工作，向往着与自然为伍，沉思、看书。

所以，哲学对我从头就不只是一套学说，干巴巴的道理，而是跟人生体验直接相关——解决人生的困苦，开启人生的新境界。我相信，它能为我打开一个尽性立命、极其美好和内在自由的生存境界。

问：那么，您出国又是出于什么样的目的呢？

答：我在北京市环保局自然保护处的行政工作量很大，真正说来，是当时没能在社会中找到一个真正适合我的位置。后来，我转到北京市社会科学院哲学所。出国的契机有两个：一是渴望对现象学有更深的、更地道的了解，我当时已经对现象学开始感兴趣，尤其是海德格尔；二是与个人的遭遇相关，于是我想通过出国摆脱阴影，这多少有些避难的味道。

问：您说您出国与现象学有关，那么是现象学的什么东西对您产生了这么大的吸引力？

答：我在国内对现象学的了解主要限于海德格尔，读的是熊伟先生翻译的海德格尔的文章。这一读上去就和读许多西方哲学家著作的感受不一样。读了这么多年的康德、黑格尔，只有读到斯宾诺莎讲的第三种知识（即直觉知识）的时候，才有些这种感觉。到海德格尔这里，哲理有了生存气韵，西方传统哲学那种硬的构架被消解了，甚至带有了一些道家的境界（熊先生的翻译就用了一些道家的词）。他谈的还是存在和"什么是形而上学"这类问题，但却是通过"无"来谈，又不是那种干巴巴的无，如黑格尔讲的有、无和变；这里面有思想的回旋，话语舞蹈性的当场引发，所以特别让我感兴趣。但当时里面的门道完全摸不到，怎么西方哲学还能和中国道家的领会相关？

另一方面，读了一些现代中国哲学史的书籍和文章，说实话，我几乎都不满意。我读道家的感受特别生动，而到这里全都变成了西方化的本体论、认识论与伦理学了，几大部分一分割，觉得中国古代的思想生命一下子被"闷住"了。而到海德格尔这里，道家的境界开始通过西方的话语能够透露出来。所以想到西方去，把这个东西、把它里面的路子原原本本地弄清楚，因为研究哲学不是仅限于感受的。西方东西的特色在于，它里面有更清楚的分析台阶（概念化、形式化乃至形式指引化），其中少数可以通向超概念的境界。

问：您到美国以后，对现象学的学习过程是怎样的，理解上又发生了怎样的深化呢？

答：到美国后的经历本身就有现象学的味道，文化的冲击和震惊是极其巨大的，它把你原来生活中结构和体制加给你的许多东西都还原掉了，让你变得特别痛苦、赤裸，然后找到自己新的行为、生活方式。

刚开始选的并不是现象学的课，但都是有用的经历。其实现象学从内容上没有什么界限，关键是要破执入境，所以学习上越有相互的激发力就越好。一开始上的美国政治与社会哲学课，教科书之一是梭罗的《瓦尔登湖》。梭罗的思想对我来讲充满了现象学的含义，他根本不是通过抽象的概念来讲对人生、世界的领悟，而是通过我特别喜爱的大自然的现象，从中熏蒸出思想，包括非暴力的"公民的不服从"的思想，我把他看作是美国的道家。老师喜欢杜威，认为梭罗的个人主义很有问题，而我的课程论文就对比梭罗和杜威，论证梭罗的思想中有超出个人基点的视野，他实际上是以广义的自然而非个人为最真实者。他也有社团意识，是人和自然之间形成的社团，所以梭罗哲理不是个人主义。

第二学期开始，听 George Guthrie 教授讲萨特的《存在与虚无》，这是我真正接触现象学的第一门课，给我的启发特别大。此书的前面就是接着胡塞尔来讲。胡塞尔认为自身意识和反思意识不一样，你的当下意识中已经包含着对自身的边缘认识，但是是前反思的。萨特由此发挥出他的存在主义，当时国内也有萨特热，但似乎没有将萨特和现象学的关系讲清楚。萨特讲的"在"与"无"都是从现象学来的，"无"意味着非对象、前反思的感受方式和生存方式，是人的根本，它是我们理解存在的途径。萨特通过人生的现象——咖啡馆等朋友没来的无，赌徒在赌桌前把以前的誓言全都忘掉的那种无，等等——来阐发，特别有揭示力。

硕士阶段还学了印度哲学的课，收获也很大。论文是《海德格尔和道家、禅宗关于语言观的对比》（前些年在德国作为一本小书出版）。我的硕士论文导师是一位印度学者，Ramakrishna Puligandla 教授，对现象学也有兴趣，他说，胡塞尔的现象学只是我们印度《奥义书》和吠檀多不二论的一个粗浅的引导，他还没有进入意识的更深境界。我也觉得，胡塞尔能体验到意向对象、意向行为，窥见了内在时间意识的被动综合领域，确实很伟大，但是被动综合是怎么进行的，意识是如何进入到自身中的，他的阐述更多的是推想，所以这里面还有很多可能，尤其是东方经验对它深化的可能。

博士阶段进入学习现象学的实质性阶段，我的论文指导小组中有一位韩国裔的曹街京（Kah Kyung Cho）教授，研究海德格尔和胡塞尔。他是德国海德堡大学的博士，伽达默尔是他的导师和朋友。曹教授办公室有一张他和海德格尔在托特瑙山中小屋的照片。他交替讲授胡塞尔和海德格尔的课。我也从此明白，要理解海德格尔，不懂胡塞尔肯定不行，海德格尔首先是现象学家而不是存在主义者。这才觉得真正进入了现象学的核心地带。

胡塞尔和海德格尔给我打开了一个哲学的新境界。读到胡塞尔时已经启发很大，他强调纯直观，直观中你看到的是什么，就应将它阐述为什么。《观念 I》有三个重要方面，现象学的还原、意向性和构成。我的课程论文着重意向性的构成，尽量将它理解为原本的、境域式的，也就是前对象化的、源自内时间流的。意向性的要害就是原构成，胡塞尔还有一种构成观，讲感知和想象是客体化行为，构成了客体化的对象，基于它，才有其他的意向行为，比如情感的、价值的层层构成，这种意向性架构不是我特别看重的。揭示人类意识的意向构成本性，这是胡塞尔与经验主义乃至传统唯理论的最大不同，我们的认识开始并不是先接受一个个感觉印象，然后通过联想把它们联结，再形成对象，而是说，所有的意识总是对某物的意识，即便是感知，所知觉者就已经是一个活的现象或意向对象了，而不只是感觉材料。这里面已经有内在时间的原初综合和当场触发的意向性构造。所以人的意识活动的产物，它的起头处不只是个别者，最高处也不会是被普遍化者，而是交织着过去与将来、此与彼的第三者，有足够的"客观性"让它超出心理内在，又有足够的可能性让它"与时偕行"。

从意向行为的原构成出发，我觉得自己逐渐能够进入到一种在一切二元分裂之前的思想领悟中，既有腾空驾雾之感，又是完全理性的或可理解的；再读海德格尔的《存在与时间》，缘在和世界及自身的关系，时间和存在的含义，脉络一下子就都打通了（这和学界那时介绍海德格尔的流行方式很不一样）。我很有信心，觉得我看出了真正原本的胡塞尔和海德格尔，以及他们之间的关系。尤其是再回头看中国的东西，比如海德格尔比较感兴趣的道家，一个理解老子、庄子的全新思想维度被打开了。当时非常兴奋，觉得这才是我该理解的老庄，既灵动又理势不二，有强烈的思想气感，到这里，中国哲学的内在魅力，它的丰富性、深刻性就都出来了，而不是用概念化方法把微妙的东西闷裹住，透发不出来。所以我曾特别自信，觉得这才是原本的现象学和原本的道家的思想（当然也不是没有意识到道家和现象学的区别）。这就是我通过现象学和中国古代哲学接上因缘的一个历程。

问：我们看到，您这里主要是现象学和道家之间的对话，而且您也说过您曾经以老庄质疑过孔子，那么是什么使得您从现象学和道家又转向了儒家呢？

答：我在美国的论文做的还是现象学（以海德格尔为主）和道家。回国后我整个重写，这时候就觉得儒家是不可避免的了。我转向儒家，既有人生的契机，也有思想的契机，而最根本处还是人生感悟。我成家以后，尤其是有了小孩以后，生活发生了重要改变。有了儿子和以前最大的不一样，就是他把你从生活的个人中心里"撬"了出来。这之前，我虽不是硬性的个人主义者，但毕竟，思想和精神的重心是追求发挥和揭示个人的潜能，无论是从思想上、精神上，还是人生境界上。道家、斯宾诺莎还有西方哲学，一开始都是解决我人生的困苦。所以我那时学了斯宾诺莎就觉得，你们看我很绝望、毫无出路，我却觉得很幸福。住在农村小屋中读他的书，那种感受是既真又美，说实话，我那时读《伦理学》时常达到一种出神的状态，呆坐在那里畅游美妙。但是毕竟，它好像只是在解决我个人的问题，所以我上大学期间虽然对儒家有一定的感受——尤其很钦佩儒家的那种人格，以及思想、道德、艺术混为一体的人生境界——却不像道家那么直接。

但一有了小孩，我这种以个人为原点的生活形态一下子被扯开了。慢慢觉得，我的人生可以不以我为中心，而确确实实、真真实实的以他，另外一个弱小的但跟你血脉相连的生命为中心。刚开始好像完全是负担，甚至把人压得有点喘不过气来，但很快发现里面很有些让我受启发、得恢复甚至是美感的东西，充满了原初的意义。这些对我后来走上儒家的道路极其重要。你看到他的成长，会感到内在的欢喜；你拉着他的手去公园，他那么信任你，把所有的都交给了你，特别感动。那时有一部电影，演父亲历尽艰辛找小女儿。我就反省，如果我的孩子遇到艰难，我会付出什么？让我惊奇的是，我扪心自问，确确实实感到，我为这孩子什么都能做，包括我的生命；他太弱小，他受苦比让我受苦，会更让我不能忍受。这是怎么回事？是什么让我走出了原来似乎是铜墙铁壁的自我保护圈？这让我感到儒家以亲子、孝慈为根基，是大有道理的，这里面有最原本的让人能自然地关爱他人、走向一个伦理和道德世界的力量。

我因为学了哲学，对此就可能有更多的当下反思，这种血脉联系对我更有震动，挑战我原来的那种人生境界。它告诉我：你和其他人的关系中确实可以有一个超出你自己个人生命的，一个更深邃更珍贵的生存和价值世界，它意味着整个生存的扩大和丰富。你走出了自我，这是意义重大的一步，虽然似乎是很小的也很平常的（天下父母之常心，几乎尽皆如此）一步，但它真切而绝不假。这是道家和基督教等其他学说无法代替的。儒家看重的恰是这一点，这一点极其天然，几乎所有有了孩子的人都可能直接体会到，不需要意识形态的、宗教的、道德规条的灌输。虽然此原本之心可以被忘掉或被扭曲，但如果有哲理的教化，这个原发的良知良能点就可以被扩大、被深化。

亲子联系确实有伦理、道德的含义。孩子面对父母争吵时的不安情绪，让我感受到，家庭如何维持下去，确实不是一句空话，对孩子的爱会转到自己和他人身上，产生自责、宽容和义务感，它是可以迁移的。有了孩子以后，才真正体会到父母是怎样将我带大的，那以后从来都不敢顶撞父母；对父母的那种知恩图报的感受，才逐渐显现，才自觉到孝顺父母是绝对应该的。所以亲子关系中的爱意会逐渐地波及开，波及对你自己的整个家庭和大家庭的感受，然后往外再扩展。

我也是过了这么多年才慢慢地省思到里面的含义。我感到，儒家有其他任何宗教和学说都代替不了的东西，儒家是不应该被放弃、被嘲笑、被蔑视的。我年轻时认为儒家就是唯唯诺诺、克己复礼，或板起脸来教训人，与年轻人想过的那种至美的自由生活没关系，我为什么要考虑儒家？但到这时候就不可行了，儒家中有让人无法逃避、无法不去认同的东西，从那时起我才有一个潜在的但是更真实的转化。

就思想上说，在美国读了一些港台新儒家的书，对我有很大的启发。一本是钱穆先生的《国史大纲》，居然有一个从儒家角度写中国史的著作，这在当时的中国大陆是根本看不到的。还有就是牟宗三先生的《圆善论》，比较儒释道乃至康德学说的思想境界，论述为何儒家的境界最圆满地体现出无限智心，有自己的见地，并能在中外比较视野中体现。后来我还注意到他关于智的直觉的思想。但如前面讲的，促使我朝向儒家的原动力还是人生的契机，后来从现象学领会儒家的思想契机也很重要。

二、 现象学是什么？ ——独特性及其带来的问题

（一） 原发经验本身

问：那么，现象学的契机为您理解儒家打开了一个怎样的视野，它相比于其他西方哲学的独特性在哪里呢？

答：除了前面讲到的那些，现象学最打动我的，就是它忠实于人活在其中的经验本身。在其他哲学中，经验主义重视感觉经验，实用主义重视动态的人生经验，唯理论很重视数学、逻辑、语法的观念经验。但是，现象学的特点是朝向事情本身的纯体验性，尽量摆脱已有的现成框架。它通过还原，要展现一种赤裸的生动的整体经验，也就是正在发动进行，同时也正在思考和表达的经验。

我将哲学思维区分为冷思和热思。冷思就是西方传统哲学常用的那种事后反思，脱开了正在进行的过程或正在投入的意识，站在另一个更稳定冷静的层次上来理解这个过程或意识。这就是所谓的哲学家是观众，哲学是猫头鹰，要等黄昏的时候才起飞的方式——以逻辑上高于现象的方式来

理解现象的本质。而热思则在事情正发生的黎明起飞,不离正在进行着的经验来理解它,似乎总在草创、忧困和惝惚之中,无法也不愿将正应对的动态形势当作可以冷观的对象,经验本身的进行和对它的思考同步进行,所以这思是热的,朝向事情本身,忠于纯直观,忠于活经验,自然地诚恳热烈,又不失思想的深度、精微和可领会性。如果说这种思也是一种反思的话,则不是事后的反思,而是与时偕行的当场反思,充满回声、和声。后来现象学发展中有开创性、有大成就的哲学家,像舍勒、海德格尔、萨特、梅洛-庞蒂、德里达、勒维纳斯等,都能够在某些方面做热思,感受并参与思想经验的旋涡,不离经验本身地来揭示它们的丰富含义。这就是现象学和儒家哲学及东方哲学可能有内在因缘的一个最重要的原因。

问: 但是,在现实生活中我们每个人都可以声称拥有自己的经验,现象学的经验与此有什么差别呢?

答: 现象学讲的事情本身、经验本身,和我们的日常经验在某种意义上是一而二、二而一的,但也不能说完全等同。有现象学自觉的这种经验应该更纯粹、更生动、更有思想的深度可能,而我们平常的经验可能被某种现有的硬性框架所束缚,所以是不充分、不够原本的。比如上学的经验,相比采集狩猎时代那种少年人跟成年人的学习,领会天地四时的节奏来求得生存,就很不一样。那个学习经验可能更生动,这个好像更有科学性、知识性,更概念化、体系化,但不够原本,脱开了生活经验本身的推动、激励和心领神会。

现象学的经验相比日常经验有一个变形,但恰恰是变到这个经验的原本状态和更自觉的状态中。比如胡塞尔强调的纯直观,就是把普通人乃至以前哲学家们的直观经过现象学的还原而纯粹化了,去掉了它的存在预设,让它本身及其意向结构作为被给予者呈现出来,并不是离开它。日常经验是人的自然经验,里面有构成意义的原本机制——包括与这经验偕行的当下的、前反思的对这经验的意识——使它们可能,但人们往往在里面附加了超经验的东西(如硬性的目标、偏见、执着),而现象学就是鼓励把那些对形成这个经验本身不必要的累赘去除,让经验的气血流通,让它天然带有的但潜伏着的对自身的当下意识被扩大(从前反思意识过渡到后反思意识),以显示出这经验的原发形态,或在一切理论构造和存在预设之前的被直显给予者。海德格尔喜欢老子讲的"孰能浊以静之徐清，孰能安以动之徐生"（《老子》第十五章），因为现象学去除的只是这赘瘤般的混浊沉滞，只是让这种经验变清，以便让它自身之思（前反思的对自身的意识）显露出来，而这个经验的根还是在水，在水流的原动境域（内含原本的内旋涡），所以"安"下来更有"动"和"生"。这也像《大乘起信论》或天台宗所讲的，大家的意识都是这个海波，只是到开悟者那里，成了清波，让这个原本就有真态思想性（真如心）的水性表现得更透彻。但是毕竟，人生中的不真态经验也是热思，也是现象学的源头，天才如惠能的意识，可能一开始就比较清澈，可无论如何，离开人间的日常的、不经意的经验，没有哲学的可能。

  总之，现象学所经历的，既是热的又是思。热就意味着它没有离开正在发生的活经验，它的深入骨髓的思想热情（不离原本的经验内旋涡）与辩证法也不同。黑格尔的辩证法是具体概念表现出的精神发展过程，也号称能进入历史维度，但它已经不够纯粹了，被正反合的主体进展规范住了，在浅层和中层的热流之下，是冰冷的不变的逻辑发展框架，注定了朝向最高级，脱开了原经验本身的构意机制。现象学的思的特点，是相当原本的，但比日常经验又有一种思的自觉。它是纯粹境域的，经验发生的同时它也在产生，但是它又能够加深我们对正在发生者的理解，对未来的某种期待、某种进入未来的能力，比如《易传》讲的知几。要讲"实践"的话，它才是最彻底的实践哲学，不是只用实践去检验真理，而是引发真理，也就是在浸透于不测情境的实践中缘构意义、揭示真理。

  比如庄子讲的庖丁解牛，不以目视，不把牛当对象，不去思考怎么躲开骨头节，怎么用刀，而是跟随当场的感受和几十年的经验，但在跟随的时候又有一个神遇，就是在进行这个活动的时候，这个活动本身当场产生的东西和他过去经验之间遭遇的原自觉，产生出一个晕圈内的直接将来意识，于是有创造性的东西当场发生（就像海德格尔那里的诗和思的相通相生），使整个解牛活动如有神助。这样的思考既不同于冷思，又不同于不自觉的盲目热思。

  所以现象学的妙处、难处都在这里，它既是热的又是思，不让热使思蒸发，也绝不让思蜕变为境外冷反思，从而把经验的热度降低得改变了经验的形态；而是说，它感受到了原发经验本身的思胎，通过种种巧妙方式让它发育成人，于是就能保持思想中经验的动态时机化、自发呈现化，不用靠抓住旋转的陀螺来看清它的旋转方式，于是直观就不限于感觉直观，而可以有范畴直观、本质直观；许多非对象化的人生经验或思想现象（比如用锤时的知锤、恐惧与害羞的发生、朝死而在、缘时而在……），就可呈现于思想自觉之中。

港台新儒家的哲学最高自觉在牟宗三先生那里，他从康德入手，依托中国儒释道求圆善的经验，注意到"智的直觉"这样一种很有现象学味道的纯思能力，很不简单；但可惜的是，他还囿于道德形而上学的主体化、观念化思维方式，并没有能从哲理上达到直觉，所以他讲的"无限的智心"并没有浸透于原—缘经验之中，还不是热思。他曾站在现象学的旁边，却不得其门而入。

问：您刚才说现象学要摆脱一切已有的框架，那这个框架是特指某种概念性的东西呢，还是也包括了社会习俗或中国的礼乐传统？现象学还原后剩下的是无文化传统或历史着色的纯意识吗？

答：现象学要进入纯粹经验，所以在追求它时，肯定有一个阶段，现象学的学习者是希望摆脱一切现成束缚的，就这个直观现象、这个经验本身来领会这个现象、这个经验。这是现象学应该保留的纯洁意向：尽量还原一切外预设、一切已有的框架。但是，我们的意识、我们的生存已经浸透于历史的、文化的意义之流中，具有在生活时间意识的被动综合中已经被给予了的领会势能和趋向。这些东西能不能都摆脱掉，在这一点上，现象学中也有不同的看法。

胡塞尔曾经认为可以达到或预设一个纯粹的先验的自我意识，这就很超越生活，超越历史和文化。但是，他后期又讲发生现象学，既然有被动综合，其根在内时间意识之流，那这个内时间意识怎么能够脱开它的具体进行过程，乃至这个过程的着色呢？这个进程一定是在历史中、文化中，在不同民族求生存的具体生活世界中进行。这就涉及先验主体性和生活世界的关系。就生活世界的说法来讲，文化、习俗是不能被现象学还原的意识所忽视的，即便是去争取一个很纯粹的现象学的意识，朝向事情本身的意识、当下的意识，这个意识也一定带有生活世界所赋予的理解方式或自旋方式，尽管这种方式已经不是一种现成的框架了。但是毕竟不会有一个赤裸裸的当下意识，一个赤裸裸的完全孤立于世界的主体意识。但胡塞尔的某些想法又认为生活世界最终的构造根源还是出自先验的主体性，这又为传统的笛卡尔主义保留了那样一个说法，或者一种可能性。所以胡塞尔对这个问题的回答是不够明确的。

到了海德格尔，甚至说到我自己的看法，人这种缘在的本性是生存的时间性（他后期更注重这种时间性的语言表现、时代表现），这种作为我们人类本性的内时间性，或者称之为时机化的、出入交织的时间性所造就的思想，是有文化、历史、语言的非对象化的背景依托的，它不是体制化、概念化那样的现成框架，但它也不是我们可以达到的一种纯透明的意识、纯透明的时间性。它一定是在一个境域中的自旋构成。研究海德格尔的专家也都认为，海德格尔的思想是有人文、原时—空甚至是环境或生态保护上的含义的。这是正确的，但是也不要忘记另一面，就是海德格尔在《存在与时间》中讲的时间性有它的先天含义，他也赞同胡塞尔使用先天这个词，这个时间性毕竟不是或不只是经验内容的时间性，而是生存的或正在构造全新可能的时间性，它不能被钟表测量，是一种内在的意义构成方式和过程。所以这种时间性即便和文化、历史、语言有内在的热思关系，但是由于它的原发清澈性，毕竟不能说它一定导致相对主义，不能说由于中西有不同的文化、不同的历史经历，它们所揭示出的就是完全异质的、因而是相对化的真理，双方是不可相通的。这些话有些是正确的，但最后得出相对主义的结论就不正确或不一定正确了。为什么？因为所谓的文化背景，其根源和起作用的首要方式毕竟是非对象化的，所以文化之间的差异是不能用观念的、概念的东西而完全定义下来、固定下来的；差异或深沟确实有，文化可以是相对的，但不是或不必然是相对主义的，总有深层交流的可能，由生存时间而非形式普遍性造就的可能。

我认为，说现象学的经验的纯粹性或彻底性，不妨碍说这种经验的文化性、历史性、语言性；而说它的文化性、历史性、语言性的时候，又不妨碍说这些经验对人类的内在性、感通性（不同于普遍性）。既然已经知道名相没有自性，不是意义独立的概念，那么，尽管我们各自有各自的名相，这里面的差异就并不妨碍它有内在的可沟通性。这是把现象学应用到中国时的一个很要害的问题。研究分析哲学和传统哲学的人说，现象学只要离开胡塞尔的普遍主义（他好像主张过有一种超文化的纯粹明见意识），就只能是海德格尔和德里达的相对主义和虚无主义，这都是不够深入的理解。

（二）缘构成及其与意义的关系

问：您非常重视现象学讲的原—缘构成维度，那么这个构成与时间性是什么关系呢？

答：几乎是在一个维度上的，切入方式不一样而已。时间性是一个极其关键的现象学问题，是我们理解构成、理解事情本身的要害（海德格尔后期讲的语言、诗、道路都和时间性息息相关）。生存时间性是一种最根本的意义和思想的构成方式，任何原经验都带有前反思的领会可能；这种互补对生和层层勾连的结构使意义可能，也使存在可能。它是"yuan"，既是源头之"源"又是缘起之"缘"。

问：那么，胡塞尔和海德格尔在这一点上的根本区别是什么，或者您怎样理解海德格尔说的胡塞尔这里没有存在问题？

答：胡塞尔讲的构成，前期乃至中期讲的，只是假设意识有一个意向构成能力，认为意识的意向行为本身就是主动的，能将感觉材料激活（统握）并投射出一道光束（呈现），把统握出来的意向对象投射到意识屏幕上。这用来克服经验主义的感觉印象原初论是重要的，我们的知觉已经是被意向行为构成的意向相关物了，但是他没有追究这个构成更深的前提，也就是我们刚才说的内时间意识造就的权能场。如果没有内在时间无时无刻匿名进行的这种被动综合所造就的权能场，我们的知觉和意向性行为的根本可能性——为什么你总有感觉材料，总能统握出一个东西来——就无法说明了。尤其在于，没有这个在先的、先于主体性的匿名综合，为什么我的意向综合和你的意向综合是有交集的，大家统握出来的意向对象有许多共通之处，是一种原初的被共同给予，而不只是个人主观的产物，也就无法说明了。这一点恰恰是胡塞尔和海德格尔的区别和联系所在，即胡塞尔发现了内时间意识的本源地位，但没有将它理解为存在本身的不二源头，所以也没有揭示这意源时间的本真形态。

问：那么当胡塞尔达到了被动综合的时候，是否也就触及了某种存在问题？

答：是的。我认为在这一点上，海德格尔的批评主要还是集中在胡塞尔的《逻辑研究》和《观念Ⅰ》时期。那时，胡塞尔虽然已经提出了时间意识，但主要讲的还是主动意向行为，没有讲更自发的被动意向，没有考虑意义赋予行为的自身缘起。在这个意义下，海德格尔是正确的，因为他的存在问题首先是和内时间或生存时间的原本构成、原综合、纯缘起相关的，这从他早期多个讲课稿中可以看出。在这一点上，如果考虑胡塞尔后期，海德格尔思想的起点恰恰是胡塞尔中后期揭示并强调的时间经验，前反思、前主体、前主动意向的那个经验世界，那种经验的内在构成结构。所以，海德格尔从胡塞尔实际上也达到了的地方开始，这两者有相似的地方，但海德格尔又把这种内时间意识的匿名构成推到了一个更深活更完整的境界中，让它不仅是"前……"的，而且是"后……"的，后反思、后主体、后意向对象，活灵活现于人生在世的形态，活现于宗教、艺术和纯思想的形态中，一切存在向度、一切本质直观都从人的生存时间而非先验的主体性发源，于是让时机化了的存在本身获得了正面的终极哲学含义。但许多人断言海德格尔和胡塞尔没有多少内在的联系，胡学是一种喜欢科学、主体性、反思的理性哲学，而海学则是反理性的、单纯艺术化的、神秘化的；此乃皮相之见、外行之议，我完全不同意。这么一来，胡塞尔后期的东西被掩盖了，海德格尔从胡塞尔而来的源头也被遮蔽了，对于我们理解双方都不利。

问：那么，对胡塞尔的内时间意识的分析，您认为有什么不满意的地方，而要借助于海德格尔？

答：一个不满是，胡塞尔还有经验主义的小尾巴，所以他过于突出了现在这个维度的原初性、独立性，虽然他的某些讲法里，过去和未来对于现在是绝对必要的，但有时又把原印象表现的现在看作真正的源头，它的涌流造成了过去和未来。这有点像经验主义者讲的印象是源头，印象总是当下从感官直接接受过来的，完全被动的，涌进了意识之中，这个源头基本上是一种线性的放枪一样的发生性。第二个不满是，胡塞尔毕竟把内时间意识的源头又归到了先验的主体性，所以又有唯理主义的尾巴，这是海德格尔不同意的，我也不同意。他突出了两头，即时间意识的现在一维和先验自我，弱化了中间，也就是时间三相交织的原构成之流。

海德格尔分析到，形而上学的存在观自古希腊以来，就是认为现在具有绝对的优先性，它永远在场，造成了西方形而上学对永恒性、确定性的寻求。至于先验的自我，尽管海德格尔并非不考虑自我问题，但他认为这个自我是纯粹生存境域构成的自我，它的情境性、可塑性和时机化本性是更重要的，不能说它更高、是整个时间经验的一个绝对的收敛点。这些方面我都比较赞成海德格尔。

问：但胡塞尔的被动综合在某种意义上还是消解了先验主体性，这是可以导向海德格尔的。

答：这个地方当然比他的前期学说更接近海德格尔，但毕竟，他从来没有放弃先验主体性是一切生活世界，包括时间经验的收敛极，甚至是源头、综合的发动者的观点。虽然他后来也曾想在"生动当下"中找到先验主体性的依据，但如前面说的，认定当下或现在时相为时间原点，这本身就是先验主体时间观的一个后果，有主体方面的收敛极，也就会有客体方面的收敛极。这是有重大后果的：一个是他认为人的感知经验虽然预设了被动综合的权能场，但这经验注定了一定要向着一个对象的方向去构成，构成意向对象。日常经验中可以是前反思的、境域化的，但它的科学的、哲学的含义，只有在意向对象化的形态中才能够达到。虽然这个意向在它的源头处是非对象化的、内时间意识构成的，但它的知识形态，它更值得我们人类关注的意识形态却是以科学为更高的。所以即便在《危机》中他也是说，科学的根在生活世界，但生活世界本身的认知价值，要到科学的经验、反思的经验，尤其要到纯粹现象学的经验（科学的彻底自觉的形态）来得到实现。胡塞尔甚至认为这是人类认知世界、认知自己的意识的唯一通道。

而海德格尔就不会有这样一个高级对象或高级主体收敛极。如果没有这个收敛极，那么原生经验的这种构成也就不以自我，也不以对象化或意向对象化为它最必要的高级形态。——康德在《纯粹理性批判》第二版中从先验想象力（先于统觉，是一切综合的源头）的本原观退了回来，就是因为如果没有一个统觉的极，没有一个超越的东西在引领，让先验想象力主导局面，这在传统西方哲学家会认为大水漫滩，就是相对主义、虚无主义，无根基的了。其实有的人或人群就生活在前对象化的、完全境域化的形态之中，不见得就低级。老百姓的生活不见得比科学家低级，他们是很前对象化的，是一种非常自然的泰然任之，一种任其自行的构成观、人生观、世界观。海德格尔和胡塞尔哲学气象、哲学阐释的特点有极大的区别，也和这个问题有相当大的关系。

问：那么，您从以后的现象学家那里看到的也是这种构成思想吗？还是他们有某些新的东西？

答：从话语上当然是很不同了，但我们不要完全限制在原发构成这个词上。就内时间意识的前概念、前主体这样意义上的前结构来讲，如果说海德格尔和胡塞尔在某个重要意义上共享了这样一个现象学的"事情本身"——就是这样一个被动和主动构成过程及此过程中热思所展示的东西，一个非对象化的在先/在后的意义、存在构成及其对它们的哲学自觉——就此而言，我觉得后来的现象学家基本上都是从这个起点往前再走，发展出自己不同的话语、不同的阐释方式，由意义生成、存在生成到价值生成（舍勒），梅洛-庞蒂讲的身体场的生成（《知觉现象学》就从胡塞尔的发生现象学开始），主观生存感的生成（萨特），乃至超一切现成存在的伦理感生成（勒维纳斯）等。这是现象学的一个活眼，与它绝缘就达不到更原初的思想。为什么这些人成为大家，也是因为这个。走到这个原发生的涌流处，感受到这个源泉本身的可思方式，你才能够从中领会现象域之思的妙处，感受到时境思流的内在构成力、托浮力，这时候你牵挂着自己独特经验的思想特征才能展开，顺势开创出你最关心的那些问题视野。

这些人几乎都可以通过这些方式来理解，这是现象学中的一条生命线，或者叫生活线。萨特，前反思意识中的思想，缘无而在，也就是在对象还不存在的时候就已经有意义了，这恰恰是原构成的特点，还没来得及执着时存在意识就出现了，这地方才是哲学的源头。笛卡尔开创的现代哲学，忽略了这个源头，抓住一些由这些意义生成的观念化或对象化的东西来认作源头，漏过了世界现象，漏过了缘在最原本的与世界的相互缘起、构成（实际上也就是时间性的原本构成），已经是在第二层上盖房子了。即便是勒维纳斯，他甚至把时间三维的联系都扯断了，他认为有一种过去是永远不可能再被召唤回来让它在场的，真正的未来也永远不会来到，好像恰恰是反海德格尔和胡塞尔的时间观，但仔细读，其思想还是从现象学来的，他那里是"抽刀断水水更流"；越斩断在场性，意义的生成越纯粹，越有原本的感人性、动人性，越有伦理感通的发生力。在逻辑上孤零零的过去和未来才真正是现象学的反面。

我理解的现象学，当然要包括德里达、勒维纳斯，他们一再批判胡塞尔和海德格尔的在场形而上学倾向，这并不是没道理（也不是完全正确），但是现象学踩而不死、断而不亡，这才是现象学。现象学必须这么变奏，互相致对方于死地，但置之死地而后生的可能性却并不灭绝，因为它的思想可能性主要不依靠那可被摧毁的观念体系。真正的现象学恰恰需要经常地被批判，把它从高高的地方拉下来，像那个巨人一样，不断地接触泥土、蒙尘、羞辱、破碎，被弃绝、被划伤得鲜血淋淋，然后由此而获得更深的思想灵感和突变可能。就像现当代绘画的破碎怪诞，或许可以激活中国古代水墨画的未来新意境。这也是朝向事情本身的另一层意思，就是我自身，也要不断地被解构、被还原到原发的经验本身、生活本身，这才是现象学真正的思想魅力和生命性所在。

(三) 小结

问：您能用几句话概括一下，您认为现象学的独特性到底是什么吗？

答：现象学的独特性，就是不离实际经验的原发思想——纯体验化、境域化、非对象化、非静态反思（含前/后反思）化、时机结构化和技艺几象化的热思——能力的获得，以及这种热思在各种经验世界中的触机成真的开启。这种经验既然不受先定的理论框架的限定，随之而行的热思就会随着经验本身而构造、生发出无穷无尽的思想新形态，如孙子所言："故善出奇者，无穷如天地，不竭如江河。"

三、儒学与现象学间的张力——中西的差异

问：您说您学现象学是想通过它把中国古哲学里面的路数"原本地、不那么失真地说清楚"。那么，您认为现象学仅仅是一种方法、一种更好地理解中国哲学的方法吗？还是现象学也提供了某种内容上的解答？

答：也不尽然。出国前，我对中国古代的哲理有比较生动的阅读体验，当时我直觉感到海德格尔的这种思想，能够把我对老庄的体验，相比于当时流行的概念化的方法更好地展示出来。我的求学经验也证明这预感没错。但是，学了现象学以后，我就不单是解释老庄，通过现象学再回头看中国的东西，又看出了许多门道，体会的境界也整个深化了。

现象学的方法就是所谓热思的方法，从内容上讲，热思本身就不仅是像西方的纯粹逻辑的形式化方法，它本身就是有内容的，只不过这个内容还没有对象化，它是以正在进行中的经验为内容。按舍勒的话，它是有实质、有质地的，而不是康德讲的纯形式。它虽然不能够归为生活的对象化内容（生活的目标、生活的物质基础、生活的社会结构等），但毕竟是生活或生命化过程。

所以，我不认为现象学的方法本身是一个纯形式的、不带有经验质地或生活底色的东西，只不过这个质地和底色还没有对象化，我说不出来我带着的这个有色眼镜是什么颜色，但我确实知道它有颜色，所以它不是相对主义的理由也就在这里。它这个颜色总可能变，总可能和其他的生活发生某种沟通。所以不能说它只是个别的、特殊化的，但它也没有一个普遍化、普适性的原则，好像我们大家之间已经达成了一个可清楚表达、可普遍遵守的有效伦理原则。没有那种现成的约定性，或者有的话也只是空洞的纸上谈兵，但总有在动态中形成的可能的沟通、理解、时机化的融合（也可能分裂、对抗）。所以我觉得，现象学方法绝对不只像西方工具主义讲的，就是"know how"，知道怎么做，根本不考虑"how"本身的内容、它处理的东西，尤其是它本身的前提，也就是形成它的缘由。现象学深深地植根于、从根本上归属于人生经验，各种各样的人类经验（不是神的经验，但它可以有神圣性的经验），就此而言，它是有内容、有底色的。

我年轻时受维特根斯坦影响写了《折纸哲学论》，意思是说，哲学所理解的意义实际上都是一张纸折出来的；每折一个印痕，就是一种意义，但是你不能把这张纸剪开来重新接贴。原本的意义就是这张生命经验之纸，由它（通过拓扑的变形）变化出来形成各种各样的人生经验，现象学的热思就是由人类经验这张非对象化的纸折出来的各种各样的奇妙造型。

问：如果现象学是一种有质地的方法，那么它也就离不开不同的语境、不同的文明、不同的文化环境。由此会有质疑说，您做的并不是中国哲学而就是西方哲学，您也是在用西方哲学的框架来裁制中国哲学。那么，您认为是这样吗？您怎么能够保证它没有破坏中国古学的原汁原味？

答：我刚才讲的质地，你也很恰当地说成了语境或境域。非对象化的人生经验本身，可以被理解为一种时机境域、意义境域、历史境域。"境"的意思就是说它是前对象化或后对象化的，但是它已经有意义了，或者在重演中获得了新意，它更深切地与我们的领会和行为相关。就此而言，我用现象学来看待中国古学，是否是一种以西方的哲学形态来重新改造甚至扭曲中国古代思想，生硬地又加上一种现象学的形而上学，以此来打造一个我心目中的中国哲学呢？这和我以前批评的用新实在论来打造出的中国哲学有什么本质不一样的地方呢？这确实是一个重要的问题。

这就涉及我们今天讲的现象学的特点。如果我当初不是体会到了现象学的这种非对象化、非观念化的见地，看出人类经验根底处的纯境域性和热思性，我确实是无法回避现象学对中国古学也有歪曲的责难。但是如前面一再讲的，到了现象学，西方哲学确实发生了方法上的重大改变，热思进入了主流视野，而且很自觉。那么这个热思方式能否穿透古今的屏障、中西文化的天堑呢？首先，它的热性，使得这有可能。冷思构造出的那些概念体系，像柏拉图主义、笛卡尔主义、黑格尔主义，特别生硬地体现了西方的文化、思想、信仰的特点；而中国古代从《易经》开始的这个思想方法，以变易中的不易、简易为特征，它是非常柔性的、与时偕行且随境而化的，所以二者相当不合适。但是通过现象学来理解则不然，现象学也是强调非观念化的、随境而变的、柔性的、具有内在时间性的思维方式，二者的思想素质有共通的地方。

其次，从哲理思想的角度来说，完全以古代人的方式来进行思考，摒除西方人的影响，在当代是不可能的（考据上是否能避免西方影响还可再讨论）。大家都可以声称自己站到古代的视野中去了，但最后谁来评判，却没有一个唯一的形式标准。所以最后还是要看我们的解读，哪个能够让听者、读者觉得古老思想的活力还在，甚至被揭示得更清楚、更有趣、更能领会，更能助他们应对当今和未来的问题。把老子的道讲成是实体、宇宙的总规律，更能显示这个道的原本含义吗？还是通过现象学的理解，把老子的道理解为一种最原发的意义生成的境域结构更合适呢？这里没有形式上的判定准则，大家百家争鸣，是不是合适，要靠整个时代的体验、后来者的体验来说话。但是我确实认为，在现有的历史情况下，就我个人的求学经历而言，在我个人能理解的范围内，从现象学的角度来理解中国古代的道家、儒家、佛家、兵家等，相比于概念化的西方传统哲学方法是更有趣、更丰富、更有活力的（当然未必就是最合适的）。我对双方都没有偏见，我的哲学启蒙恩师贺麟先生也没有告诉我在这里该如何选择，完全是人生经验本身把我带到那个地方，而我自己的身心向我展示了它的生命力。所以，不能说大家都是从西方来的，在解释中国哲学时就一定面临同样的困境、同样的问题。当然，现象学为其一的非概念化的新道路完全不会封死以前的道路，绝对不会禁止用传统西方的方法来治中国古代哲学，大家可以平心静气地竞争，看谁启发出的智慧更能回答华夏和人类面临的令人焦虑的问题。

举例来说，我以前没有看到一本中国哲学史或有分量的文章，能揭示出先秦思想中"时"这个思路的内在中枢性和哲理上的要害。无论解释的是《周易》、孔子、老庄，还是孙子、中医、诗书礼乐，没有看到其中的时（"时""时中""天时""四时"）的大义。而在我看来，没有这种理解就没有得其灵魂，就不会理解道、理解仁义、理解《春秋》的微言和孙子讲的用兵如神的境界（"能因敌变化而取胜者，谓之神"）。这个思想我是通过现象学的思路看到的，古代的文献就在那里，孟子赞孔子"圣之时者也"，《易传》大讲"时义"，庄子主张"与时俱化""以知为时"，而以前的人视而不见，只是看到了规律、实体、伦理学、认识论……完全按照西方的传统来研究，就无法找出这个"时"，因为西方传统哲学里"时"恰恰是要被排除掉的，他们要寻找永恒的超时空的规律和实体。这就是两种不同的哲学视野，最后产生的思想效应也很不一样。这只是一例，其实这种思想后果的不同处处皆在。

问：反过来，您认为海德格尔和胡塞尔眼中的境域构成学说，在什么意义上带有西方文明的背景？或者，我们能说它是人类本性的普遍结构吗？

答：这话就需要分开讨论。如果我们说西方的文化有两希，一个古希腊，一个希伯来，一个以哲学为主，一个以宗教为主。那么我要说，在古希腊影响的那个主流形态（从巴门尼德一直到黑格尔）中，原初的时间构成视域已经不是主流视野，已经被遮蔽了。柏拉图是一个典型，理念论里面没有时间，也没有原初的构成境域，他把这种变易的思想降低为仅是现象界带有的，而不是存在界——虽然柏拉图也讲通过迷狂认识理念，但这学说毕竟被边缘化，没有产生存在论和认识论的重大后果。西方哲学出于文化的主导特点（这和它的语言有很大关系），对柏拉图主义及其变种有一种亲和力，一直到现在。甚至胡塞尔和海德格尔揭示出的这样一种非实体主义、非主体主义、非对象化的原境域的思想中，也有它的某种影响。

所以我认为，通过缘构成视域理解终极实在的思想，恰恰不是西方文明的主流特点，它是西方文明中的一些很出色的哲学家发现的另一种研究哲学的方式：最早由泰勒斯开始的前柏拉图哲学中，赫拉克利特是最出色的；这种思想只是在黑格尔之后，逐渐成为西方哲学中的领潮者，真正有大成就的往往是在这方面有开创性贡献的哲学家。那么，这是否说明它代表了人类的本性？我不能说它是人类思维的实质普遍的结构（不同的现象学家对它也有很不同的解释），但是我要理解人类的本性，这是一个非常重要的提示性的方向，一个非常重要的人类本性的指标。所以我一再讲，它并不像"人类是理性的动物""人类是会使用工具的动物"那样的自称普适的观念化属性，它的非特殊性存在于可能性而非绝对的确定性之中。

问：既然现象学和中国哲学有这么多相通的地方，那么为什么现象学没有产生像孝悌、礼乐这种对中国人来说核心的东西？

答：这恰恰说明原本的时间构成境域不能被看作一种普遍化的观念本质，而只能看作我们理解人类本质的一个特别重要的境界指标，因为从这里出发，人类各民族的思想能够结出很不同的哲理和文化之果。首先，前面讲到，在西方哲学和文明中，这种思想的自觉是一个支流、边缘化的东西，可是在中国，恰恰是《易经》和《易传》代表的这种在变易中求不易、求理解的思想成了主流，这一主一支，差别就很大。而且西方关于动态或境域化思想，真正从哲理上比较集中的探讨还是在19世纪下半叶以后了，这对形成一个有势力有丰硕成果的传统还太短。而且西方传统哲学在两千年中获得主导的地位并不是偶然，西方语言培育的根本思想方式，实际上更合乎西方传统哲学。虽然两次世界大战让他们感到了危机（否则他们也不会对东方敞开心扉，对存在主义和现象学如此感兴趣），但一旦他们安定下来，又取得冷战胜利，经济迅猛发展后，就觉得还是自己的主流形态最好。他们很珍视这个传统，西方的重大成就如科学的辉煌、近代的国家制度，乃至宗教神学的建立，都和这种主导思想有关。维特根斯坦哲学曾经那么风行、那么有启发力，但很快就被边缘化了，因为他的思想动摇了西方传统的根基，让西方人对自己的优越感到绝望。但现在人类又面临新的问题（如全球生态问题、文明争斗问题），如果用传统的思想解决不了它们，可能还会有裂缝，有些新的东西会涌现，这需要人类历史未来的境域化的逼迫和开启。

西方文明的主导哲理是广义的柏拉图主义、笛卡尔主义，《理想国》不要家庭，马克思的共产主义还是不要家庭。一头一尾，说明了西方传统的特点：追求普遍性、实体性的知识形态、存在形态和政治形态。像家庭、礼乐、孝，他们认为带有强烈的经验性或特殊性，都是历史上会被淘汰的东西，或者虽然存在，也根本用不着关注——家庭只是人类繁衍的一种工具或社会单位而已。

为什么西方现象学没有发展出对孝的看法？我对海德格尔最不满的就是这一点，《存在与时间》里缘在不是实体化的主体，但在缘在真态的存在中，他是完全个体化的，他面对自己的死亡，良知向他呼唤，最后独自做出了决断，打开了理解他人生的时间视域。好像人类只有面对自己的无、自己的生存境域的时候，才能够达到最深的对人生的领悟和世界的领悟。这是他的偏见，他受的教育和个人经历、宗教信仰，使他感觉到他只能从这个角度更深刻地理解人生和世界，而这点其实在儒家看来是大可不必的：人类最深刻的经验不一定是朝向自己的死亡，在人看来——不只儒家的经验，不只中国人的经验，而是某种人类经验中——家的死亡和亲生儿子、父母的死是更致命的、更无化的。所以海德格尔的时间观本身就有问题，以个体真态经验揭示的将来维度为重心，没有将过去与当下和未来的交织当作时间的生命所在。现象学没有把孝当作原发的人类现象来分析，没有认为它对理解人生和世界有多么根本的作用，在这点上我们可以说，它基本上继承了这个传统西方哲学的盲点——现在西方受人关注的潮流中也没有这个。

问：反过来，中国为什么就产生了礼乐，或为什么就产生了儒家？

答：西方的主流是追求超越经验的普遍性，这样就会忽略人生经验，所谓特殊的那一面。所以那里，家庭文化是一个盲点。我们这里是以变化、以境域化为思想前提，在变化中来理解这个变化，所以能在变化中知几。几，就是变化的动态结构和变化的样式，圣人和智慧者知几，就能在它还没有被对象化的时候——普通人只能看到成形的这种变化，所以他们总是跟在变化之后，总是慢半拍的——知其未来的发展趋向。这样一种时间形态就有利于儒家的产生，因为我们人生最重要的现象，人生无常、生老病死等，里面有一个天然的几微结构，那就是家庭或广义的家族。

20世纪人类学家大量的调查表明，人类自古就有家庭（这一点当年摩尔根搞错了）。就像 C. L—施特劳斯说的，家庭就像语言一样古老，所以它是人类的根本特点之一。中国语言的特点引导着中国人看重变化和变化的情境，因为汉语没有形式上的改变和指标，只能靠着语境来使意义变得明确，这样，中国人对语境构成的动态结构特别敏感，而家庭是我们人类无常经验中的一个特别突出的现象，所以他们从一开始就最看重家庭，认为家庭是人生的意义所在；而且中国又由于语言造成的《易》化的思维方式，能够看出家庭的哲理含义。所以，中国从广义儒家（周公制礼作乐或更早）开始，就把自己的思想根基、哲理根基扎在家庭里面了。

中国也不是所有流派都这么看重家庭，虽然都是在变化中通过热思得到真理，但道家看重人和自然的关系，法家看重在政权中的法术势结构。而将家庭提高到整个学说的根基，以孝悌为所有德行的起点，"亲亲而仁民，仁民而爱物"，这个思想只有儒家有。所以有一个华夏哲理的大背景，其中儒家特别看重人际关系的情境、语境和家庭的源头性，这之中发现了仁义孝悌哲理性。原构成中有质地，但这质地不只是社会现象、一般意义上的文化现象。儒家认为，像道家那样直接以个人身心的修炼为绝对起点，脱开家庭来理解天道，就还不是一个完整的人，还不是完全活生生的人类经验。离开了家庭，人类如何繁育后代，如何生存？

儒家后来在中国文化中占了主流、主导，我认为不只是历史的偶然造成的，而是这个哲理本身在中国的土壤中得到一个重大的背景支持，尤其是联系到人的实际生活的时候，家庭相比其他的那种变化样式的原本性就突显出来了。但我一再强调，理解儒家绝对不能只限于社会学、伦理学和政治哲学，当然这是另外一个问题。

问：您认为儒家、道家和佛家都是处于境域构成的思想视野中的，但我们也看到了这里面有重大区别，那么这个区别是由对境域构成本身的理解不同造成的，还是应该看作是由同一种理解的不同运用，乃至由这些运用导致的结果所造成的？

答：我最近一年考虑了许多关于孝的问题。如果说一年多以前，我可能会趋向于回答它们都是境域构成的，就它们达到的境域本身的这种完整性、彻底性、精妙性而言——不同维度也好，不同表现也好——各有千秋，但我都非常欣赏。虽然我个人觉得儒家占有一个优势，但我没有将这个优势特别置于哲理本身的最深处。但我现在有些倾向于：就揭示人生最根本的原初构成的时间境域、意义机制而言，如果我们认为这个境域是有生命质地的，它不只是一个理解的微妙方式、空形式、空结构的话，那么儒家的思考从哲理上更完整也更深刻。

问：如果您认为儒家才是最完整的，道家、佛家、现象学就都处于一个不那么完整的样态中，这样是不是就把孝放在一个最根基处了？

答：孝不像食色，人天生对它们就感兴趣。孝没有到那种自发的地步，好像离了孝几乎所有的人就受不了，感到孝饥饿；这种饥饿感不是没有，比如舜就有，但它毕竟不是一个（尤其是在我们这个社会）可以普遍化的现象。但是，食色是动物也有的，孝却是所有非人动物（包括黑猩猩）都没有的。

而且，孝也不是完全由后天教育形成的，它不能完全归为那种对象化的意义构成结构或表现形态，或人类所必须尊崇的伦理规条。孝是造就我们这种人类的意义生成境域所倾向于构成的意识，所以它是带有先天性的活东西，只要有人类团体就会有孝现象出现。为什么？因为孝的根基就在原本的时间性、原本的时间运作中，表现为代际的时间关系。人类的时间意识能够深长化到这么一个地步，让儿女长大以后能够感受到父母曾经对他们做过的事情，过去受的恩和他/她的当下、未来要做的事有一种如此内在的联系，以至于他们要回过头去报恩。我个人倾向于认为，这样一种内时间意识的形成和孝的形成是同步的，所以我说孝意识不只是有形的文化和教育产生的，它植根于人类形成自身的时候的那种时间意识的发展。当然，文化以非对象化的方式能够促进或者压制这种孝意识，但不会完全压制住。

西方文化从古希腊开始，甚至在基督教里面也能看到对家庭的戒心，因为家庭是一个非普遍化的生存形态，所以他们总倾向于通过摧残家庭来体现一个更高的原则，这是他们都带有的一个哲学或神学的冲动。俄狄浦斯王的悲剧性就在于他是一个好人，但在不经意间杀父娶母。基督教哲学中，上帝要测试亚伯拉罕的时候，让亚伯拉罕将他唯一的嫡亲儿子献祭。但是，这恰恰从反面表现出，亲子关系、家庭关系对理解人类是何等重要：他们认为最悲惨的恰恰是杀父娶母，认为最能测试一个人的信仰真诚性的是他能够把自己的儿子献出来。亲子关系的致命性、终极性在这里表现出来。克尔凯郭尔的《恐惧与战栗》就解释亚伯拉罕献祭中的原初的时间经验、生存经验，为什么它不像基督教教会讲的那么可理解地庄严伟大，为什么献亲子祭在日常生活中不能普遍化，为什么它让人充满了恐惧与战栗？克尔凯郭尔通过揭示这个问题来揭示人类的原初经验中的时间体验的真实性，和神打交道时更高原则和血亲原则冲撞的悲思性。

通过正（儒家孝悌）、反（西方经典中通过伤害亲子关系来彰显信仰）两方面都在显示这个问题绝非简单的、对象化的历史造就的文化、社会现象，而是说它应该是一种人现象，包含一个与人本身相关的深刻哲理。

问：这个时间境域的原—缘构成，用海德格尔的话说，是存在本身呢，还是缘在的存在？换句话说，是一个未分物我的状态呢，还是有这么一个我属性？

答：海德格尔阐发的缘在不是一种主体，所以他讲缘在的两个属性要结合起来看。缘在的第一个属性是"去存在"，在去存在中去赢得自己的存在，它没有现成的可以对象化的本质来坚守，是完全境域化的。跟这个特点不可分的第二个特点，就是每次"去存在"形成的这个缘在有一种时化的自我认同性（Jemeinigkeit）。"Je"充满时间感，指一个不确定的"某时""那时"。到那个时候的我就有那个认同：我无论怎样去存在，最后都会把它认同为是我的历史。为什么呢？因为人从根上是一个时间的存在者，它的过去、现在和未来从根本上沟通，并不是说我去存在以后，这个已有的存在就完全消失在过去，就像有些动物它根本没有记忆，根本不会对它的行为负责。"Je"随上下文意味着当时、一次、每次、曾经，所以Jemeinigkeit主要表达的不是一个实体的主体性，好像有一个硬心，所有缘在去构成的东西都是为我这样一个实体化的主体增加积淀，越来越丰富。恰恰相反，这个属我性是暂时的、非实体的，应该翻译成"［到］那时［为止］的属我性"（海德格尔绝对否认笛卡尔那种意义上的主体性，摒弃任何实体意义上的对缘在的主体解释）。所以，Jemeinigkeit可以说成"时化的认我性"，它有两个意思：一方面是说人都有一个执着于我的倾向，另一方面也包含着执着于我没道理的含义。因为你执着的这个我是去存在的，是正被构成的，它不是构成的前提和永恒的基础。

问：我想换一个角度再谈一下这个问题。您前面讲到了构成，也讲到了意义，构成和意义当然不可分，但我们能说构成本身就是意义吗？如此又如何区分真和不真？这也涉及对儒家的性善或仁义孝悌的理解，它不离构成，但它能等同于构成本身吗？

答：我们可以区分三层意义：一是原意义，像结构主义讲只要有区别（其实任何区别已经预设了某个造就区别的结构），意义就出现了，它跟这个区别没有什么本质区别，有区别的地方就有原意义（阴阳的区别，它就已经有意义了）——虽然你完全说不出它是什么，完全没法对象化。这个原意义就是境域构成。二是可说出的，是以非常境域化的方式来展现出的那种意义。它是我们通过某个意义潜构架来产生的，可以是完全非对象化的，但是我们已经能感受到它，它已经在场了。诗感动我们靠的不是它说的那个后来可对象化、可指称化的意义，而是那个前对象化的比如王国维讲的那个境界，它已经产生了，但是还完全无形，完全不可对象化（一旦对象化那个感动性反而失去了）。所以我们只有分析这些经验的时候，才能看出我们这里所讲的所有区分绝不只是人工化的，它确实在我们的生活中有这么几层。还有第三种意义就是落实到对象本身了，你能说出它是什么，它是观念、概念或对外在对象的指称，甚至不少人会认为那个被指称的外在对象为意义之所在。我觉得从胡塞尔对于发生综合的区分，海德格尔对于存在和存在者的区分，都在揭示有这样一个从源到流的意义层次、存在层次或意识层次的区分。

像儒家讲的性善，这善如果面对着恶，也就是说从道德上已经能够区分得很清楚了，无故杀人是恶，为他人着想是善，等等。如果到这个层次上，这个善肯定属于意义的第三层，最多和第二层有关系，处于二、三层之间。如果这个善指的是仁义尤其是仁（仁是特别原本的，"仁者，人也"）的话，那孔子在《论语》中对仁做的阐述，基本上都是把仁从对象化的理解中解脱出来（"仁者先难而后获""仁者其言也讱""不知其仁"等）。仁是非常活泼、非常境域化的。如果我们认为仁就是人的纯境域构成的根，我觉得，仁起码有前面讲的第二种意义，即完全非对象化的意义，能以比如儒家六艺的方式来开启、领会它。但是，我觉得还不够，仁是儒家最有哲理含义的地方，既然孝悌和人、人的本性、人的时间构成有内在的关系，它是仁—人的发动之处，所以我确实不敢说仁跟那个境域构成本身没有直接的关系。我愿意说，起码它和第二层的意义或者第一层的境域构成本身的原意义都相关，或者在二者之间。这样我们才能说，儒家对仁义的追求，其实是对人类生存意义乃至真理的追求——虽然我一再强调，这是一个既不可以普遍化又不可以特殊化的真理。

问： 那是不是说，仁和孝不是我见到他者时才生成的，而是我一出生、未见他者就已经有了？

答： 人不可能说不见他（她）者，他一出生就见她者了（甚至在怀孕的时候就是这样）。刚生出来的孩子和母亲就是一体，不是对象化意义上的一体，而是从人的身心未分的层次上的一体。仁就是她（他）和我，我属本身就因她者而成，她（他）也因这被动之我而成其母成其父，尤其在源头处，还是互补对生。如果人有起点，那就是在这里，在最天然的亲子关系和家庭关系中，在孝悌里面。这恰恰就是天命，天命之谓性，天的运作就是人的本性，境域本身发动的原构成造就了人—仁。

四、儒学转化现象学

问： 您认为儒家最核心的东西是什么，您为什么要复兴或回归儒家？

答： 我理解的儒家中枢是一种对于我们人类的原真性的认同、开启、发挥和调弄，以至于最后使得人生获得最饱满的生存形态。所以，我很喜欢这样的说法"仁者，人也"。它与传统和流行的许多对儒家的理解不一样，而我还是认为这个理解是合乎孔子思想的，而且合乎比较原发的儒家形态。为什么？因为孔子不愿对儒家进行各种各样的形而上学的建构，不愿用那些观念对象化的方式去讨论性与天道，甚至仁义这些问题。学生问仁很多次，他的哪一个回答可以被当作一个对象化的讨论，可以当作一个定义，抓住仁的概念本性、观念本性？他都没有这么做，他的每个回答都是情境性的。

那如何理解儒家的这条生命线？我认为恰恰是现象学的道路能够提供一种（不是唯一的）视野。通过传统西方哲学的角度来看儒家，比如黑格尔的《哲学史讲演录》，他说中国古代哲学尤其是儒家，缺乏概念的内在规定性，说得很准确，儒家不仅缺少，而且是有意识地抵制这种概念规定性，因为他认为这会把我们对人的原真形态的理解割裂或遮蔽掉。但是他下面的话就不值得当真了，他认为缺少概念的规定性就缺少哲学的资格。到现象学，情况就很不同了——海德格尔的现象学，或者经过我说的那种拓扑变形的更深透的现象学——这种现象学是完全归依于人生经验之流的热思，概念的规定要退居二线、三线。现象学通过后对象化的方式（其中也有概念反思的功夫）揭示前对象化的原发形态，也就是一个意义构成的缘—原过程，认为它比构造出来的可对象化的意义更重要，真理就是在这种人生的缘意动势中被乘机揭示的。这种现象学对理解原本儒家（孔子阐发的儒家），我觉得恰恰是相当称手的。

这里面有两个问题：一个是在儒家传统里有一个以孔子为集中体现的原本儒家和后来的儒家的区别问题。后来的儒家当然也是儒家，但毕竟有些原儒家的特点，在后起者那里被或多或少地钝化或掩盖了。还有一个，如何理解现象学，也有一个揭示原发现象学和掺杂了观念化或者其他东西的现象学的问题。在这个地方，人们对现象学的理解和对儒家的理解都不会完全一致，但也不能说没有一个共通的期待，毕竟我还是相信人类的哲学思维的直感能力，哪种解释更有趣、更原本，时间长了，可能会引起某种共鸣。

为什么回归儒家？前面讲了我的个人经历。从哲理上讲，西方哲学史和中国古代哲理史、道术史中，我们看到了这么多学说的兴衰、起伏，好像就是一个思想的战场，后面来的拿前面的当祭品，起伏跌宕，没有完结，也没有根本是非。这些讲法的确有些道理，因为哲学和科学不一样。但我感到，我们不该止于哲学概念体系或它表达出来的思想的相互异己状态，而是需要找到一个源头，一个思想的源头，使得哲学成为真正的原初之思。这个方向还是应该有的，我们不能只限于提出一个个新的哲学体系，而是应该追求哲学的闪光的真理。

所以回归儒学不是仅仅去认同中国传统文化——我对它确实深有感情，但这感情是建立在我的理性思考（热思也是热反思，是更深的理性）之上的。此回归要追求真理，追求人生和世界的真知大道。不能只是做诠释，只是追求新解，让理智得到一种快感。原本的儒家确实体现了我们这种人的生存方式中的原发真理。我们阐发这样一个思想、这样一个传统，绝不只是恢复一个已经过去了的生活形态、思想形态、意识形态，而是不甘心我们的这种人生堕落下去，被那种技术化、体制化、观念化的思想形态和价值形态给闷裹住。这方面现在最大的力量就是科学主义和它的意识形态的、政治的和经济的体现，我们如果不阐发儒家的真理，我们就无法抵抗这些对人类的威胁，从现实到思想、到信仰的威胁。在我看来，如果儒家思想真的被理解了，它会感发人，将来会变成现实的、历史性的力量，会对未来人类的拯救、人性的复苏起作用。

问：您前面讲了如何从现象学的角度进入儒家，那么反过来，您认为儒家对现象学会有什么样的开启作用呢？

答：这样的作用，我这些年看到的更多一些。首先，儒家对于人的生存本身、生存经验本身的那种敏感，观察角度的独特，是包括现象学在内的所有西方哲学都无法比拟的。儒家在历史中存在的一条生命线就是"耕读传家"，对家庭的看重，连带对农业、对教育的看重，这些都不是世俗生活或重视实用造成的结果，它有极其深刻的哲理思维在里面。这是儒家、尤其是孔子思想的深透（晚年写的《春秋》，里面充满了哲理的微言大义）所致。他看透了我们这种人的本性，它最合适的生活形态在哪里，它的真正不竭的源泉在哪里，以及最美好的人生形态应该从哪里开始造就。

所以我感到，儒家本身的这个原初的思想世界，是现象学能够从中获得极其重要的启发的一个热思富矿，一个宝藏。比如前面我提到的超出个体主义，达到最深的经验体验和思想体验，对此儒家具有一个极其深入和发达的思想形态和哲学形态。海德格尔后期想突破他前期的个体主义（不是主体主义），在语言中，在时间的民族历史化、艺术化的过程中，来寻找现象学经验的源头。其实这些思想在某种意义上在儒家中已经有了（当然只是以儒家的形态表现的，这二者的功能还是不一样）。比如孔子思想生存里的六艺，诗教是极其重要的；但我在充分理解海德格尔之前，并没有看到儒家的诗教有这么深的哲理意义（这就是现象学的功用，我不通过现象学感受不到），但是一旦看出来，我就发现儒家诗教的哲理含义是海德格尔对于诗的哲学揭示还没有充分看到的。比如说诗和礼的关系，礼对于人类的政治、生存的直接构造性，以及它具有抗衡现代科技垄断力的可能性，乐的源泉地位，这都是海德格尔没有看到，也没有涉及的。所以海德格尔的思想就找不到合适的触角来深入现实，没有找到真正解决高科技带来的人类异化困境的钥匙，以至于他一旦要深入现实（比如参与政治）就要犯错误。而儒家虽然好像是一个过去的形态，里面却潜藏着进入现实的桥梁（比如礼乐），达到"从心所欲不逾矩"境界的心法。这只是其中一两点，儒家的孝悌思想就更是现象学所缺乏的了。

所以，我认为原本儒家的哲理中蕴含着我们现在还没有充分意识到的很多的可能性。对我个人而言，既要通过对现象学的深入开发来走进去，打开这扇进入思想新境界的大门，但同时，从我已有的这些体验，我也相信，儒家/儒学对现象学的转化不仅可能是巨大的，而且是根本性的。当然这个反冲有多大要看历史机遇。现在要复兴儒家，我认为很关键的一个问题就在这里，是把儒家只看作一个伦理的或政治的传统来复活，还是看作一个思想的源头、哲理的源头，乃至真理的源头？西方汉学家列文森认为：在现代化的转向之后，当代中国人的某种崇尚儒学之举，其动因仅仅在于它是本国的（"我的"，容易为我所用的），而非因为它是正确的（"真的"）。这是一个有分量的甚至可以针砭时弊的看法，但不一定全真的判断。我感到，复活乃至复兴儒家的关键，不在乎构建新的形而上学和各类体制系统，或忙于分期或急于判教，而恰在于返回儒家体验之源，开出热思的新境界。

问：您刚才说儒家是一种更完整意义上的境域构成，那么您是否也有一种将儒家普世化的倾向？

答：不是这样的。儒家的特点恰恰在于，它对人生经验的这种终极性、多样性、丰富性的皈依到了如此彻底的程度，以至于它对自己真理的追求，并不妨碍它对其他学派的真理可能性的承认。在历史上也是这样，儒家存在两千多年，在西汉以后还是主导，但是没有像基督教等西方宗教那样，一旦成为主流，就把其他哲学、宗教，包括它内部的异端通通排斥，然后向全世界传教。儒家占主流后只是自己发展，历史上哪有儒家不认为自己的追求是具有真理性的？但这又不妨碍儒家对多元化现实的承认和参与。这恰恰是儒家思想的特点，它是非观念化的热思，不会制订一个普遍化的标准，因为普遍化的标准都是离开了活的历史过程、现实过程，再来规范这些过程和经验的。儒家恰恰是因为这个特点才获得了真理性，而这个特点本身就使它一方面追求自己所向往的终极真理（天道、仁义、天下太平等），另一方面，它的终极追求居然不妨碍，甚至承认它对其他思想的自由生存空间的默许。

这种宽容按照西方传统哲学、宗教是完全无法理解的，这根本就是自相矛盾的，你认为你追求的是真理，怎么还会承认那些与你不同的他者们，在同一问题上也可能是真理？A 或非 A，你怎么会承认非 A 呢？但是，这恰恰就是儒家和现象学的特点和深刻性，它是不怕挑战的，挑战越尖锐越激发他的思想。而这恰恰也是我个人的态度。我认为儒家是对人生的更深刻、更彻底、更完整的思考和理解，但同时承认其他的学派对人生的理解有着很根本的重要含义。我对道家那种发自内心的尊重和喜爱从来没有减少过，它对于人类与自然的根本联系的境界开启，让我一直充满了去追求和理解的愿望。我对佛家也充满了敬仰，而且愿意从中得到很多重要的东西，龙树中观曾经对我起过重大的思想启发作用，读禅宗、华严、天台，都是非常奇妙的思想开启经历，这跟读儒家的著作是相辅相成的，各有各的特点，互相不能代替。甚至基督教神秘主义的实践和思想对我来说也是非常有魅力的，另外像克尔凯郭尔的基督教生存主义的著作，也是儒家著作代替不了的。

儒家甚至要通过它们来回到自己的源头。比如，假如不经过克尔凯郭尔，我看不到儒家某一面；不经过海德格尔我看不到儒家另外一面；不经过禅宗我也看不到儒家还有的一面。我们需要保持多个侧面和维度的相互映射，然后激发出儒家自己的最内在的思想光辉。我全身心都是这么认为的，而且我个人的思想体验、哲学追求，也是在一直这样曲折婉转而行的。对我来讲，从来没有直线的对儒家的理解，靠坚持原则，靠抓住儒家的一些独特之处然后来把它普遍化，这都不是我的治学特点，而且我认为也不应该是未来儒家复兴的特点。

问：您说坚持自己的真理性又不否定别家的真理可能性，但您和其他一些儒者也谈到夷夏之辨，不知您对这个问题怎么看？

答：是的，我也谈夷夏之辨，不过在今天的局面下，这个夷夏之辨已经不带根本的褒义和贬义了，它实际上就是承认中西文化的异质性或各自依据的不同范式，并找到处理这种异质性的合适策略，不要懵懵懂懂地就被以夷制夏了。近现代以来夷太强大了，从思想文化的角度，我们处在了比当时印第安人受西方人迫害好不了多少的境地，面临着灭顶之灾般的压力。新文化运动以后全盘西化的潮流汹涌澎湃，我们的整个生存结构在很大程度上都已经西方化了，到现在从实质上还没有根本的扭转，虽然有了一些松动、转机。

夷夏之辨如果能达到真正深刻反思的含义，就要先弄清楚夷、夏在根本处到底区别在哪里，然后来辨清我们生活中、思想中哪些是夷、夏，看看还剩多少真正的夏。这个绝不是排斥西方，而是要意识到，如果要有一个夷夏之间的平等的对话、文明之间的真正交往，那我们应该把夏恢复到一个什么程度。

至于中西交往的策略，从哲学角度很明确，我们应该首先找朋友对话，而不是一上来就向敌人（对我们的文化藐视轻贱的西方哲学和意识形态）投降。中西的差距是那么巨大，不用担心没有区别，关键是要找到可来往的浅滩和桥梁，尽量先与那些比较相近的西方哲理传统接气，激活我们对自己哲理独特性的当代意识，找到表述它的真切话语方式。其实这是一个双向交流的过程，既包括我们这边的重新认识，而且包括对西方那边的重新认识。最近我让一个学生翻译了一篇德国学者写的《德国哲学对老子的接受》，从中可见老子哲理对德国乃至西方哲学的影响，越来越正面和重大了。作为现代中国人，我们充满了西方哲学、西方教育的背景，我们在某种意义上要从西方回到中国，从现象学回到儒家，从异域回到家园。但是这个回返，根本不是按照什么现象学的原则来规范儒家，而是找寻一条原生的经验道路来重新进入儒家。一旦真正进入儒家，你就会被儒家的文献生命、儒家的原始经验所转化、所感染，你的理解就会深化。而儒家逐渐开始复活，这个时候你看到的哲理，甚至现象学就都觉得不够了，觉得它们有些不到位、苍白肤浅的地方，不够活泼、原发、深厚。所以真正良性的夷夏之辨应该是这样的，它并不是要阻断夷夏间深层的思想交流，而是恰恰会促进这种交流。

五、对儒学复兴的展望

问：一方面，高科技和全面现代化造成了一个物欲至上、个人至上的时代，我们渴望儒家的复兴；另一方面，不搞市场经济，不引进西方的科学技术，中国人首先想到的恐怕是落后衰败。这是一个儒家不可能回避的矛盾，您对此怎么看？

答：我曾经在德国开过一门课，就讨论中国以儒家为龙头的传统文化为什么到近现代衰落了，相比于非西方的其他民族，中国的现代化何以发展成如今的模样。当时中国人面临西方列强的欺压逼迫，屡战屡败，割地赔款，让人感到，如果这个趋势继续下去，那中国人就会和印第安人、澳洲土著人的结局类似了，这绝不是虚言。

洋务运动的这一部分，师夷之长技以制夷，确实是儒家的。儒家的思想特点就是不离人生的活形态来思考，而那个时候，中华民族面临致命的压迫，当然要求生存。但是洋务派犯了一个错误，没有坚持儒家热思的智慧，没有充分看到学西方的军事技术、生产技术，甚至政治体制，它后面会带来什么东西。首先，学这个东西，你会逐渐地习惯由它带来的思想方法和价值取向，崇尚对象化的力量。还有就是，讲中学为体，西学为用，实际上也没有看到这个用本身里面的体是极其危险的。你既然用这个给人强力的东西，就入了一个争力格局，就必会从小用之变成大用之、全用之，就会被这用所用，它就会带来西方的体，而这个体是对儒家传统忠实于生活经验形态、经验过程本身的智慧的抛弃和扼杀。

坚持儒家的义理的那些所谓顽固派、那些儒者，他们也没有真正深入儒家的活生生的哲理，所以他们提出来的只是儒家的一些比较空洞的道德原则，没有认识到儒家的道德必须深入解决实际问题才能变活。但他们也有一个好处，起码提示了那个外来东西不是我们儒家的，洋务派学的那些东西里面包含着反儒家的成分，要警惕。两方面都没有充分意识到学洋务本身的机会和危险。这边没有认识到危险，那边没有认识到机会，而这恰恰是一个机会和危险并存的东西和时刻。必须学，但关键是怎样学，必须一边学一边要警惕它、预防它、限制它。饮鸩止渴而又不死，非常难，无成例可循，近乎自相矛盾。这是一个传统儒家从来没有痛切面临过的他者性问题，是"三千年未有之大变局"的生存要义所在，只有热思才可能应对它。

张之洞已经感觉到这个问题，想通过分开体用来应对，却行不通。然后出来康、梁主导的戊戌变法，这就完全是以西方为体了。后来就是《天演论》，将弱肉强食化的物竞天择说成了中华民族主流知识分子的共识，一直到现在。由此可见，洋务运动没有儒家的热反思会造成何等严重的后果。严复翻译的赫胥黎的《进化论与伦理学》一书，本来是又讲进化论又讲伦理学的，认为人的伦理本身能够造成某种进化优势。但严复的翻译不是纯翻译，加的按语中不时用斯宾塞的那种（推崇强力和西方民族优越论的）进化理论来反驳赫胥黎，鼓吹弱肉强食说。所以《天演论》实际上是严复作的，他选择材料之余，加入了自己的"微言大义"，代表了又推动了已经偏斜了的时代精神。对当时的主流知识分子，从戊戌变法的康、梁到后来新文化运动中的无论左派还是右派，通通有过电一样的影响，相信他讲出了真理：我们是弱肉，要生存就要学西方，争得强力。所以"强"从那时到现在一直是一个充满魔力的词，认为我们中国古代儒家让我们变弱，想变强只有靠西方的德赛二先生。于是越看这传统越可恨，编排出无数的口实来诅咒她，必欲置于死地而后快，上演了一出世界文明史、思想史上极罕见的文化自戕运动。

这是儒家衰败的一个重要的思想契机。我们反思那个时候，如果儒家的主流形态还有孔子的这种时中智慧，一定会采取很不同的应对策略，他也会采取洋务运动的措施，但还会有影响深远的一些措施来保证对强力的追求是有限度的、警惕的，而最后产生的历史后果会是很不同的。

问：您在一篇文章中，对儒教的上行和下行路线都提出了一些质疑，你赞同一条中行路线，那就是建立儒家保护区或儒家特区。您能谈一下它的意义吗？

答：实际上我还是比较认同那个下行路线的，儒家必须在主流社会中恢复团体生存形态，我只是认为单靠下行路线不能导致儒家的繁荣昌盛。它能让儒家在民间复活，有自家的团体，形成某种现实生存样式，而不只是漂浮在话语和博物馆式的展示之中。一开始是需要有舆论鼓吹、形成思想潮流的过程，但要是只限于这个，就是表面的热闹，实际上是虚的，没有任何能让我看到导致深远历史后果的机制。它们能不能让儒家在中国人的实际生活中真正地复活，我都怀疑，更不用说复兴了。因为现代化正在蚕食、摧毁儒家的生活根基，家庭、农业、教育，耕读传家这三方面无一不在被摧毁，所以你即便在民间恢复了儒家，如果只限于此，也很难和其他几大宗教竞争，它将来的成就我预期（因为现在的生存格局对儒家太不利了）将是有限的。但我一再强调，这是必要的，要为之努力的。至于上行路线，一定要警惕被不良政治势力利用，如当年袁世凯利用康有为建立的儒教那样。乡愿化的儒教绝非儒家之福。

中行路线就涉及我刚才谈的问题。让我们假设一下，如果19世纪后半叶，有一个大儒有孔子的智慧，而且非常幸运地，他具有影响时局的能力，他会采取什么样的策略来应对西方的挑战呢？孔子肯定赞成以夷制夷，或以武力应对武力侵略，就像当时赞成齐桓公、管仲的霸举一样；当然孔子会想一切办法正名，让人意识到武力本身的限度，就像孔子同时也有王霸之分一样。这方面我也看重清末时其他国家哲人的见地，我最感动的就是托尔斯泰，他同情面临灾祸的中华民族和文化，痛谴西方的强盗性，呼吁中国人不要像日本人那样，以崇尚武力的方式来对抗西方，而应发挥自家传统的智慧之长。他的呼吁和后来甘地在印度实行的非暴力的抵抗是有相应之处的——当时印度已经亡国，但她的文化没有亡，印度的知识分子坚持自己的印度教良知，居然就用非暴力的和时机化的方式把英国人挤走，重新建立了自己的国家，而且同时复兴自己的文化。这和我们中国完全相反，我们的新文化运动健将们认定只有抛弃自己的传统文化，才能够建立现代化国家。所以强力重要，但是同时更要有哲理的智慧，它才是一个造福的强力，而不是一个摧毁我们自己家园的强力。就此而言，当时的真儒就应该采取类似甘地那样的思想，绝不放弃我们自己文化的、哲理的制高点，道德的制高点，宁愿减弱一时的强力追求。

另一方面，当时确实需要改变——学西方科技，改革科举制，但是如果当时有当权的智慧者，就不会像那时所做的，要改就彻底改、全国全改，没有限度，没有余地。当时的主事者觉得，中国要变强，就要追求一个超越时空的唯一真理，一旦认准了这个真理（比如学西方），就要一变全变，一变都变，不留余地，而没有看到这改革实际上只是一个动态过程中的应激手段，是保护我们自己的传统生活方式、我们自己的民族和文化的手段。如果有一个沉浸在历史时间进程中的活泼智慧或热思，那么废科举（其实不如改良科举）、倡新学，可以在许多省份实行，但中国应在一块或几块比较偏远的地方，在不实质性地影响国家的生存实力的前提下，保留传统的体制，因为这里面也有真理性。可以让大家选择新的道路还是旧的道路，可以实行一个先秦那样的多元化体制，一国两制、一国三制等等（像儒家以前主张的通三统）。孔子认同的政治体制不是秦汉以后的那种政治上的大一统，而是先秦时的文化上的大一统，一文而多制多邦。我们学西方是权宜之计，是一种时机化举措，既要以夷制夷而又要为非强力，为文化、道德、信仰、艺术留下活的种子、活的空间。如果当时这么实行了，到现在会是什么样？

主张建立儒家保护区或特区的整个思考是从这里产生的。就是说，我们以前的考虑方式太西方化了，好像世界上的事情不是这样就是那样，就只能是全国一盘棋，没有看到这里面的活的真理到底应该是什么样子。现象学视野的儒家或真正原始儒家，恰恰认识到经验本身的时间性、多样性、复杂性、艰难性，而不会仓促就做那种贻害子孙的举动，一废科举全国都废，这是极其惨痛的教训。所以我认为建立儒家特区能够为我们带来的绝不只是表面上的东西，它会带来实质性的思想方式的改变，整个中国人思想视野的改变。经过"文化大革命"的熬炼，邓小平有了新的思想，它之所以能够扭转当时的危局，就是因为尊重经验本身——关键处只能摸着石头过河，表达了某种对活经验的认同和忠实，所以能够实行一国两制，我们中华民族智慧的残存影响在他那里还能够结出这种果实。如果清末或民国的决策者实现了一国两制或多制，那就会很不一样，一国两制不只要用在和西方打交道，也要用到对我们以前的弱势文化上，这恰恰是儒家通三统的非常美好的政治传统。

另一方面，儒家特区如果按照儒家的原发智慧成功建立，我相信它是能够存在下去的。它的意义就不止于恢复儒家的一个活的生活形态，而恰恰是要发挥儒家的长处，避免它的短处。上行、下行路线在现在这个"去儒家化"的时代中恰恰是发挥不出自己的长处的，因为你的长处在人的原发生活本身，而现在的生活恰恰是把人的生活扭曲、割裂。所以你有一块让儒家本身的哲理优势、生活形态优势能够发挥出来的地方，恰恰是对儒家的最好的复活和宣扬。这样一个形态如果能够存在下去，首先能够向世人昭示真正的儒家是什么，她不是新文化运动和现在很多自由主义者或马克思主义者脑子里的那种专制，它会展示一个活的儒家，为儒家正名，为儒家争得应有的尊重。另外还有一个很重要，就是它如果存在，它的意义以非对象化的方式超出了中国、中华民族，因为它的生存形态对于正在应对人类重大问题的人们，应该有启发。我坚信，儒家的这种思想和生活的生命力，只有到那种地方才会充分发挥，甚至会产生世界性的影响。

问：对您来说，似乎只有儒家的古代文本不够，您需要现象学；但只有现象学更不够，您的根在儒家。那么，您能用几句话总结一下，您从儒家和现象学那里各看到了什么呢？

答：我从两边都看到了让我们这种人成为人的最原初经验的辨识、认同和再揭示，而且相信这种揭示能够导致非常美好的人类生存形态。人类的拯救不需要到人的本性之外去寻找，我们相互之间，我们和自然和万物之间，有内在的相通，我们和神圣、神灵，也有内在的相通，这种相通就是我们人类最内在的经验和意义的发生机制。这也使我相信，儒家和现象学是一对可能会谈出极其精彩的哲学、思想话语的净友，就像历史上的佛家和儒家一样，由此来鼓动出儒家复兴的精神契机。而这里面，对思想的那种生动性的要求是惊人的，绝不现成、绝不照章办事；已有的探讨成果，比如现象学家和我们古代儒家哲人做过的，都不是具体的规范原则，而是一种根本性的提示，一种路标。它指向活生生的经验本身，可以从中体会出微妙的、原发的东西。所以儒家之道是开道，通过回溯到人的生存经验本身而开出新路。就此而言，我认为儒家和现象学都是在热思中揭示滚烫的真理，而不是在追求一个学派本身的行话所构造和坚守的那种道理或信仰。

（原载于《当代儒学》2011年第1期；对话者：赵炎）

原时间本身的道性与神圣性

——中国精神的哲理简述

一

孟子称孔子是"圣之时者也"（《孟子·万章上》）。对于世界大宗教和哲理的创始者们而言，这种赞评是极罕见的。孟子善于讲道德、说仁义，却以"时"作为孔子及儒家的点睛之处，说明儒家的道德仁义并非一般意义上的，更不同于那些要超出时间的西方伦理学家们的主张，而是以深邃的时间为源头。道家同样重视"时"，庄子主张"与时俱化"（《庄子·山木》），老子讲"天乃道，道乃久，没身不殆"（《老子·第十六章》），这"天道"的根本即天时，或那让人"长生久视"的时间化智慧，只不过常被老庄以"虚""气""水""玄牝""惚恍"等名之而已。

可见，华夏主流哲理的命脉在"时"。因此儒道共尊的《周易》，其基本精神被易学家"一言以蔽之曰：时中"（惠栋《易汉学》）。其原因在于，《易》以道阴阳（《庄子·天下》），而阴阳源于时（字结构和字义皆与"日"相关），所构成的也首先是时，既是阴阳日月消长之四时、天时，也是过去（历史）与将来（前景）交织出的人时。"[尧] 乃命羲和，钦若昊天，历象日月星辰，敬授人时。"（《尚书·尧典》）天与人以时相通，以时为源，以时为成就真实与美好之机（中节之几微）。汉儒看重的《卦气图》，来源甚古，其中天人相交，时空贯通，阴阳消息，实乃一"时气图"，为理解《周易》之中枢结构。

二

我们可以称这种与阴阳内在相关的时间为"原时间"，它不同于日常可用钟表测量的对象化时间。后者是往而不返的单向均匀的流逝，本身与意义和存在的构造无关，也与经历时间者（比如人）无关；而原时间则与人的意识（如记忆和预期）和生存活动（如在保持传统中开新）内在相关。原时间内含回旋与前抛的发生结构，也就是过去与将来交织出当前的互补对生结构，所以能非对象化地构成生存的意义和存在的质料。从物理学上讲，它比较接近（但并不全同于）具有纠缠—叠加特性、且与人的观察记录行为相关的量子时间，而远离牛顿物理学中的绝对时间。

这种与意识——包括显意识和潜意识——和生命活动相关的时间却不是主观的，更不是虚无的，而是更真实的，因为它是我们与世界乃至自己打交道的基底，被我们以融入其中的方式体验到，既在潜在的意识流中，又在完全投入的出神经验中，因而被它占有和感动。当我们要在反思中观察它时，它的（过去/现在/将来）互补对生或叠加构意的真身却消失了，只留下或此或彼的可明确定位的空壳。所以，原时间不被我们把握和操纵，而是只在空虚处（潜意识）、生发处（没有主体与客体分裂的至诚意识里）和中间处（尤其是代际中间）运作和出现。

三

儒家深切感受到这种原时间对于我们生活世界的塑造作用，所以最为强调"亲亲"，也就是以代际之间的亲子之爱为核心的亲爱情感和孝悌意识，认为它是一切德行、政道和实在之源（《孝经·开宗明义章》）。于是便要讲"［从］亲亲而［达及］仁民，［从］仁民而［达及］爱物"（《孟子·尽心上》），"孝弟也者，其为仁之本［源］欤"（《论语·学而》），甚至认为"夫孝，天之经也，地之义也，民之行也"（《孝经·三才章》），似乎是一种泛道德主义，也就是将孝道与天地人的根本相等同。但如果明了这孝道来自原时间，最鲜明地体现了人类代际时间的特点，也就是过去（父母和前辈）与现在（自身）及将来（子孙）的交织互补、回旋推移，而不同于对象化时间的单向流逝、往而不返，因而构成了于我们而言的意义和存在的发生源头，那么这些儒家的主张就不难理解了。亲亲孝悌所揭示的原时，的确与天地万物和治国平天下内在相关，这也是儒家特别重视"时"或"圣之时"的要害。

由于亲亲孝悌来自并反过来促成本原时间，而这原时间是产生意义和生存可能性的源头机制，所以亲爱不止于主观私情，也不止于血缘亲人

（真正的养父母一样可有亲亲），而内含一种向着道德意识及智能意识升华的感通冲动。只要是一个正常的家庭，处于适当的生存压力中，它就会让天生的、内含良知的亲亲之情自然生长，那么子女就自然知孝，弟妹就自然知悌，他/她们就会自发地追随父/母、兄/姐的榜样，乐意接受礼乐教化，发展出自己的挺立人格、同情心（如恻隐之心）和智识，由此而能够分辨善恶、乐于助人，包括家庭之外的人，甚至泛爱万物，在父母犯错时给予"几谏"，也就是不伤害亲情的应时劝谏。但如果他/她被恶劣环境扭曲，违背原时间的非对象化、至诚投入的体验特点，就会减弱这样一个"亲亲而仁而物"的旁通和溢流趋势，不再痛切感受到那不在场的"祖先"和"子孙"的拉力，最终抽缩为像霍布斯所讲的那种理性个体，只关注个人的现成利益，即便做善事也掺杂着算计。

正是由于这种源于家庭代际时间的特点，在家庭还比较完整的时代，儒家具有极其柔韧的生命力，因而能产生科举制、通三统之类的文化创新，让教育、文化和德行，而非赤裸裸的暴力和固定等级主导政治和日常生活，导致中华文明在天灾、外侵、内乱的颠簸中也能延绵不绝，成为世界文明史上的一个奇迹。如舜所言："敕天之命，惟时惟几。"（《尚书·皋陶谟下〔益稷〕》）其义可理解为：要谨记，天命只在时几之中！

四

道家之根也扎在原时间之中，只不过偏向自然化的天时，而非代际化的家时。当然，这自然化中亦有得道之真人，而代际化中也有人的自然天性如亲亲。老庄多以"气（氣）"来映射"天道"，而此气出自阴阳交和，当然与原时内在相关，可称为"时气"。老子曰："万物负阴而抱阳，冲气以为和。"（《老子》第四十二章）又讲"谷〔山谷般地空虚的〕神〔所谓阴阳变化莫测之神〕不死，是谓玄牝。玄牝之门，是谓天地根。绵绵若存，用之不勤。"（《老子》第六章）其中负阴抱阳之气、绵绵不绝的玄牝或雌性，更多的是隐喻原时间，因山坡阴阳面的来源是阳光的向背，而太阳或日头正是天人自然时间的来源；至于玄牝之雌性（其"门"喻阴阳开合），比喻生生不已的存在根源，也可理解作生命之母意义上的原时间。

所以道家最注重的，就是如何进入此似空虚但又是万类源头的时间深处，与之偕行而俱化，从而得到生命的长久和智慧的深远。为此，就不可贪恋于这时间中产生的各种对象，包括那些可以观念对象化的价值、等级和强力。换言之，就是要将人的意识"损之又损"（《老子》第六章；《庄子·知北游》），还原掉一切浮华礼数，直到无法再减的"素朴"（《老子》第十五、第十九章），也就是原本的生命时间本身。"是时为帝者也！"（《庄子·徐无鬼》）认时间是真正的主宰者，从而"与时消息［随生命时间的节奏而消长］"（《庄子·盗跖》），由此才能不被时间之流荡涤，而被其滋养和托持，达到无为而无不为的逍遥境界。

结 语

与西方看重超时间的永恒不变者——不管称其为"纯形式""本原""数""理式"，还是"上帝""道德律""主体"——不同，中国古人关注的是变易中的稳定，并以最为简易的方式来领会之。这种简易至极而又原本之极的变易方式，就是阴阳化的原时间。由此，这两个文明各自采取了相当不同的进路，取得各自的伟大成就。

华夏以原时间为天道、为神圣，导致她在一切礼制、政制的规范和国家动员的力量之后，还能够以非对象化的方式——亲亲而仁、无为而治——来维持社团和文明的生机，所以可以历经不少足以摧毁其他文明的灾祸而不灭，给中华民族带来长久且相对美好（比如相对于欧洲漫长的中世纪）的生活。至今这种生存方式虽然衰弱了，但仍余音绕梁、思绪未绝。

从明清以来，敏感于"形式"、首先是数理形式的西方文明，从全球殖民、工业革命、科技革命中获得了巨大的可操控力量，似乎必定会征服人类世界，乃至整个自然界。然而，"时将有反，事将有间"（《国语·越语下》）——时势会有反转，事情也会出现可乘的间隙；面对人类为之困扰的一些重大问题，中华精神那种关注原时间的特性，无论是儒家的家时化的或道家的自然时化的，都没有完全过时。只要能不失其源头，并"与时偕行"（《周易·乾·文言》《周易·损·彖》《周易·益·彖》），就总会有新的"时中［命中时机］"（《礼记·中庸》）之可能。

（原载于《中央社会主义学院学报》2020 年第 4 期）

中国崛起与中国文化

几乎与新文化运动同时,中国的"国学复兴运动"也开始起步了。所谓"国学",就是中华民族传统的人文社会学。就中国几千年的民族传统文化来看,国学又是以孔子代表的儒学为主体文化的民族传统文化。作者是众多忧思中国传统文化生存处境的学者中的一位,《中国国家地理》曾对作者进行专访,探讨"中国崛起与中国文化"的问题。

问:中国现在算不算大国?哪些方面的指标能够界定一个国家是否成为"大国"?

答:中国在经济和政治的某种意义上可以算作大国,但是不能算是文化大国。从文化上要能成为大国,就该有本国的文化源头,让她活生生地取得当代形态,可以吸引和感召本国人及其他文化的人。中国目前做不到这一点。我们不用和正在驾驭全球化主流的西方文化比,就连阿拉伯国家、印度和日本都远不能比。这些非西方民族的主流知识分子在西方的冲击面前拼命保留自家文化的命脉。比如日本,明治维新以来,尽管有那么多西方化的措施,但自家的神道教与天皇制一直被精心保护着,作为全民族的精神辐辏中枢。所以日本的当代文化中就确有自己的传统。印度与伊斯兰国家也是这样,还要更强得多。

就西方而言,它的文化源头,即古希腊和基督教,还存活得很好,尽管从表面上看也面临经济全球化与科学主义的某种挑战,但他们的知识分子对此有各种反省。教皇新近写书批评资本主义,说明天主教还有某种文化批评的能力。但中国在20世纪经历了文化的断裂,使得自家传统文化的主体丧失了。当代中国文化的主流,即她的灵魂性、主导性和深层结构性的东西中,有什么是传统的儒道释的呢?我看不到。有关的详细些的论述可以参见我的新作《思想避难：全球化中的中国古代哲理》（北京大学出版社，2007年）。当下策略性地提几个有些传统色彩的口号，"古为今用"地重述一下历史，这都像拆了真的老城墙，又为了旅游的目的再建一个替代品出来，那是中国自己传统文化的体现吗？所以说，中国目前在文化上远非大国。

问：界定一个国家"正在崛起"的标准都有哪些？

答："崛起"在我眼中有较强的力量崇拜的味道，历史上西方人打过来，中国一度是被欺负的角色，现在我们经济有所增强，就觉得有一种"翻身"的感觉，所以渴望"崛起"。其实这种崇尚实力的思维方式，主要体现的是西方的价值观。西方惯用"实力"来评价国家是否强盛，"经济实力""国防实力""文化软实力"等等都可说是用西方价值观来判断一国是否崛起的标准。

问：中国的崛起对整个世界的意义何在？（或者说，中国的崛起对世界其他国家的影响力何在？）

答：延续上个问题的说法，如果按西方人写历史的方式来看待这个问题，中国的崛起将会在世界的经济、政治格局中增加一个"文明冲突的对手"。但是我认为，中国不能过于沉溺在这种观点里，因为这种观点必然会导致"中国威胁论"的滋生。

问：中国历史上也有过几次"崛起"的时期，这几次"崛起"的方式与美、英、法、德、日等国家"崛起"的方式有什么不同的地方？

答：我认为用"崛起"这个词形容我们的文化上升期不太合适，因为中国历史上的所谓"崛起"与西方国家的（含近代日本的）崛起方式有很大不同。比如，汉唐盛世的时候，中国并没有明显的、有计划地主动抢夺土地、征服其他民族的意图，而那些西方式的国家在急速发展的过程中则是赤裸裸地靠武力向外扩张，奴役甚至灭绝其他民族，攫夺领土。中国之所以会与别国有如此不同，是因为中国的文化主体是儒释道，儒家的正宗学说从来就认为具体"实力"的兴衰变化总是有的，好的文化靠自己的素质深入人心，历尽沧桑而总能延续下去。而真正的好世道是像尧舜时代，礼乐教化盛行、家庭和谐、四邻和睦、天下大治、人民安乐，是典型的仁政和王道时代，而这些与"实力"的联系并不必然。相反，从儒家的观点来看，秦始皇时代尽管强大，却是最差的时代之一，因为他对民严酷，穷兵黩武，迫害中国的优秀文化，搞得民不聊生，使得秦朝不到20年就灰飞烟灭。

问：中国历史上经历了哪几个辉煌时期？后来为什么又衰落了？

答：国家的兴起和衰落是正常的，自然环境、统治者的素质以及大的经济、政治环境都是制约国家兴衰的因素。我认为，真正辉煌的时代应是那些中国自己的文明放射出光辉、感召万里之外的有识之士前来取经的时代，这些时代有时与盛世同时，如汉唐，有时则不完全重合，如利马窦来中国时的明朝末年。

清朝末年开始，中国经历了历史上最严重的一次文化衰落，其影响一直延续到今天。我认为清末衰落的原因是，当时西方被工业化武装的侵略势力太强太猛，而中国当时又正值异族统治，上下不同心，而且应对策略也出了问题，导致中国知识分子的主流从20世纪早期以来从文化上反叛，彻底放弃了中国传统文化的主体，转而全盘西化。这样做的结果，造成了中国自己文化的断层以及日后西方价值观的长驱直入。

问：中国人心目中有没有渴望中国崛起的情结？请剖析一下原因。

答：中国人太有渴望中国崛起的情结了。因为中国自己的文化衰落了，所以中国人的自信、自足感没有了，世界观和人生观全都以"实力"为攀比的标准，中国人对于仅充当二流或三流的角色当然不满足，而是期待增强"经济实力"，重新"崛起"。

问：请预测一下20年以后的中国在文化上对世界的影响力将达到的规模，如大学入学率、汉语普及率、文化产品的输出状况等。

答：这是一个很有意思的问题。我认为，如果按目前这种发展态势，也就是按最乐观的估计，如果中国经济在以后的几十年间不发生重大危机而总体持续发展的话（这并不是可以准确预期的，什么都可能发生），中国文化对那时的世界当然会产生更大的影响力。但这里要辨别一下，到底是什么样的中国文化在那时产生影响力？中国文化可以分为"中国自己的文化"和"中国当时的文化"两类。我认为中国自己的文化将有可能衰落得谈不上什么影响力，而由我们现在的生存方式，即我们的经济方式、社会组织结构、教育体制、价值观等所导致的中国当时的文化，是一定会随经济实力的提高而增强影响力的。但这后一种文化并不是真正的中国文化本身。举例来说，到时候学汉语的外国人会越来越多，但是他们学习汉语只有实用的效果，不能由此增进对中国文化本身（几千年形成的经典文化）的了解。而且汉语也离自己的经典形态越来越远了。尽管来中国的大学学习的外国学生数量可能会大幅增加，但"大学"的体制、教学内容与效果基本上是西方化的。而且随着城市化的进程，人口的流动增加，家庭和家族的观念将越来越淡泊，农业和农村的地位将越来越边缘化，自己的价值观将越来越缺少影响力。向外输出的文化产品将只能包裹着一层中国的外衣，骨子里却不是中国的东西。

只有世界的生存格局有了某种大的变化（这当然也是不可完全预测的），使人们的思维方式有重大改变，中国自己文化的未来才可能有新的可能。或者，中国知识分子中的一部分对于自己文化的命运有了真切的认识，采取了适当的应对策略，那么起码会在局部扭转这种自己文化随时代潮流而江河日下的局面。总之，对于中国自己的文化而言，形势是严酷的，但希望与机会还是有的。

（本文系作者2007年与《中国国家地理》杂志编辑的问答）

儒生要为民族和人类带来深层希望

《儒生文丛》出版，让那些以各种方式认同儒家的当代士子，有了一个集中展示观点、发出声音的出版物，可谓及时之举。"儒生"之"生"，就其单字语义而言多矣，而在"儒生"连读里，此"生"又似乎只意味着"知学之士"或"先生"（参见《史记·儒林列传》注及《管子·君臣》注）。我想讲的是，儒生之生，既非杂陈而无统的芸芸众生，亦非仅仅知学知义之先生，而应是由"生"之本义而生出的"生生"（《周易·系辞上》），或"使之生"。因此它既是先生，亦是后生，更是浸入实际生活沸腾经验之当下活生生。如果这么看，儒生就应是能为当下、未来的民族乃至人类带来深层希望和生存新境的人群，也就是让生命能够真正舒展其生发延续本性的生命体。

期待儒生带来深层的新希望，已经包含着一个意思，即至今占据主流的思想和现实，给人群和人类没有带来这种希望。当它们刚出现时，多半有过辉煌的日出，或一个美好希望的构造；但后来它们的实现和再实现所带来的，是深深的失望乃至绝望。这个时代中，有许多愿望的满足，但缺少动人慰人的希望及其历史实现。所以正在再临的儒家，不应该依附于这类只是一种现实力量的框架，绝不认同它们包含的压迫性力量和至盲性力量，而要发挥自己"看家"的思想特点，为人类万物的生命困局找到出路或真实的生存自由。

儒生——儒之生生者——之所以有可能带来真希望，是因为他/她们不以活生生的生命之外的意识构造物或意愿构造物，而是以生命的本源，也就是亲子之家为根，而此亲亲之根的本性就是生生不已，所以全部儒家学说和实践都是此根的生发、舒展、开花和结果。这是儒家的独得之秘，表面上平实简单，百姓日用而不知，但里面隐含着极其深邃、剧烈的发生机制，乃至浸透于这不确定的生生大潮中的危险、偏离、寻回、再生等多种可能。夫子之所以"罕言"于性命、仁、天道，而又极能感应性命、天道的仁意，多半就是他深深体会到这亲亲之生生中难言的丰富、危急和生动，不可用"必""固"之言言之，而只能在孝悌与好学的"文章"生生化里得其时中之至味。

当代现象学潮流中的海德格尔和列维那斯都讲到"家"。海德格尔将家看作是与存在本身一样本原和根本的问题，当代人的"无家可归"表示的就是"对存在的遗忘"，是整个西方形而上学及高科技追求的历史命运；而真正的思想者或诗人的天命就是"归家"，哲学和诗思的最深动机就是想家，找到一条返乡之路（海德格尔：《荷尔德林颂诗〈伊斯特尔〉》《论人道主义信》等）。列维那斯则认为家居不是客观对象中的一个，而是人获得一整个客观世界和使文明具身化的前提（《整体与无限》第二部分 D 章）。但是，他们讲的家，虽然从哲理上突破了传统的无性别、无家室的概念形而上学和个人主体性，但毕竟只是支起了一个家居的空间；尽管里面燃起了诗意的火焰，出现了伦理的面孔，但是没有活生生的亲亲血脉和父母子女，没有家的实际生活，更没有这种生活的切身形态。他们避免涉入实际的亲子关系和家庭及家族的实际生活，多半因为他们认定这种超个体的家居生活必会妨害和削平人的自由。但是，既然他们已经挣脱了个人的主体实在观，甚至不以胡塞尔讲的"主体间性"为满足，那么这主客打通了的自由之人及其生存方式能是什么样子的呢？所以后期海德格尔或者在荷尔德林的诗思之境中徜徉，或对老庄的道境出神，有家园，有居所，而没有真活的家居与家室。

儒生可以借助这种生活现象学的哲理之路，因为它是以当代人能够心领神会的那种锐利的和时机化的方式，破开传统西方思想中的个体与整体的二元论，让哲生们真切地看到人的实际生活经验，哪怕是最抽象的哲理、最完备的体制和最有效的知识的不二源头和缰绳，而且这种人类的实际生活经验首先是家的生活。下一步，儒生不仅可以利用这种思路，而且势必要重造它和拯救它，不然这种没有活生生血脉的家只能在"等待一个上帝"的诗吟中枯萎。孔孟给了我们这种可能，即在实际的家庭生活中找到并转化出一个切身的真态生存境界。人类的家庭，尤其是儒家文明教化中的家庭，不只是生活的起点，从中走出让其他宗教或意识形态去招募、去超拔的个体人，并在这个意义上获得它永恒的世俗意义；它更是生命体在生活本身中的皈依过程和最终归宿，在"耕读传家"的卓越努力中成为儒家或儒教的"教会"或"教堂"。换句话说，这家本身就含有超拔世俗、挣脱羁绊、赢得深层的人类自由、天地和谐乃至神性光辉的可能，可以在儒生的"亲亲而仁民，仁民而爱物"的生生大化努力中完成自身的转化和升华。儒家的独特就在于此，就在这让西方人和西方化的现代人百思不得其解的"家"奥秘之中。

当代人之所以会对广义的左右路线有深层的焦虑和失望，是因为它们解决不了内外的终极问题，简言之就是人与人的内在关系以及人与自然的持久关系的问题。讲得更具体，就是它们都找不到能够有理、有效和兼顾义利地制约当代技术对于家庭和自然的毁坏的道路，无法从根基处破除高科技造就的全球化意识形态对于人类的控制和绑架。这种缺憾不会被一些表层欲望的满足——不管是个人欲望上的物质满足，还是体制层面上的力量感的满足——而完全地、长期地掩盖。在表面巨大进步的五光十色之下，是更多、更可怕的问题的滋生，所以会在人的深层意识乃至隐意识中产生不安全感和绝望感——"什么办法都试了，还是不行！"像全球气候问题，能让那些生活在繁荣和安全的金字塔尖上的民族和国家也感受到这种内外之家的丧失。正是在这里，或在这种最绝望处，儒家可能为当代和未来带来真实的新希望。儒生要做的，就是紧贴当代的问题裂缝，究天人乃至天伦之际，通古今之变，而成就那让人情不自禁地要倾听的一家之言。

（本文系作者2012年在《儒生文丛》出版座谈会上的发言）

儒家伦理与人工智能

当今世界，互联网、人工智能、大数据等新技术为代表的新的社会经济形态在中国发展很快，已经开始塑造经济社会生活体系以及重构人们日常生活。而且，这种发展趋势在中国和美国是一样的。这跟工业化时代完全不同，工业革命在中国是落后的。为什么中国在这一轮新的经济社会形态构建过程中能够占得先机？另外，中美两国在发展形态上是有差异的，这种差异是如何形成的？对于理论界来说，需要面对两个问题：第一，为什么中国这次没有落后？第二，为什么我们跟美国还不一样？作为儒家学者或者研究中国文化的人，如何看待和阐明这些问题？

第一，我理解的人工智能的特点，可能也会带有一些现象学的观察视野。

以前也有人工智能，比如蒸汽机、洗衣机、电视或者是以前的电脑；但是当前意义上的人工智能产生以后，发生了一些变化。长话短说，我理解为它带来的变化就是让所谓机器、技术"入时"或者"得时"，也就是得到了某种时间性。这就是所谓深度学习带来的一种突破式的思想方式的改变和技术上的改变，当然还有效果上的改变，我们大家都看到了。这种人工智能机器，也有了一个学习的过程。刚开始不那么聪明，越学越聪明，在该事项上超过了人类；而有一个真正的学习过程，其本身就是一种时间化的过程，也就是时间对它已经变得真实起来了。以前的机器一旦生产出来，就保持那样，没有一个真正的时间的演替过程。

我对深度学习一直关心，比如看杂志上的介绍，还有其他的一些资料。我看到的材料对深度学习是这样总结的，即以前的那种人工智能的特点是"从上往下"式的，是线性的、因果的程序特点，所以它体现出来的也是所谓"确定性的寻求",追求控制的有效,基本上是按图索骥式的内外对应,优势在于运算快捷和储存资料多。而新的深度学习的开发,这个过程其实到现在也就十几年的时间,虽然只是一个开头,却有了某种质的改变。以前人工智能研究曾经陷入一个低谷,多少年没有什么实质性进展,深度学习方法出现以后一下子蓬勃发展。新的特点就是"自下而上",层次变多了,而且关键在于每一层的地位提高了,不再一下子被通贯到上面。所以每层对输入的加工和驯化的重要性,以及层级之间互联关系的重要性就加大了。这样的层级就形成了一种有自身真实性的纵深,一种"深度",它让"学习"可能。

总之,层级不再是受控于最高者的、被直贯下来的层级结构,而是某种自主的东西,所以由它们构造出的学习过程才能变得更可塑,过程本身有了生产能力或发生能力,于是才可能把时间吸纳到过程中去。所以,它可以将机遇性吸收到它的智能里,就有了一定的学习能力。这只是地平线上出现的第一团乌云,以后肯定会往这方面大力发展。一定要更加地非线性化,而且不是发散的,是有收敛力的,所以这样的系统才比较聪明,而以前那种号称具有确定性的、准确性的系统,则是相当笨拙的。这在哲学上就是西方的唯理论,一直追求永恒不变的实体化真理,杜威叫它"确定性的寻求";当代分析哲学的大部分也一直以这个近乎传统科学的特点来标榜,来跟欧洲大陆哲学区别。其实恰恰是生命哲学、现象学、他者哲学是有见地的,而分析哲学所标榜的那些东西是自上而下的思维方式,是僵化的。当然,分析哲学中也有让自上而下寻求确定性的传统"失控"的新思想,比如维特根斯坦后期哲学,但大多数分析哲学家无法真正消化他的"意义来自游戏"的思路。

第二,高科技的双面性。

我以前很受海德格尔的影响,对高科技的负面效应看得多。海德格尔对于现代技术本质的批判十分著名,虽然他也不是要完全否定现代技术,但毕竟是着重揭示这种技术的"座架本质",及其对人类的操控和带来的巨大危险。他认为人类离不开技术,人就是由技艺构造出来的,但是技艺既有艺术性又有技术性,而现代技术则压抑了自身的技艺根源中的艺术维度,所以出了问题。大家都知道,从19世纪下半叶开始,各派思想家都开始反省这个问题，包括年轻马克思等，海德格尔的批判是在现象学基础上对这些反省的深化。

但是，我现在有一个矛盾心理。高科技已经跟海德格尔、伽达默尔的时代不太一样了。20世纪90年代以后，量子力学进入了一个新的研究时代。最近我看了一些关于量子力学研究新进展的书，很受启发。然后是人工智能。人工智能我也一直关注，不然我所研究的哲学就只在说以前的、已经被超越的东西，只是打空转，就没有什么意义了。我发现，从20世纪90年代开始到现在，我们整个是在经历人类思维方法的又一次深刻革新。量子力学的新进展表明，世界从根本上是一种交叠态，在每一点上都既是A又是非A，一旦观察它，就塌缩成服从因果律的现象状态，或者是A或者是非A，服从逻辑了。于是就有很多奇妙的效应，如量子纠缠，现在都开始利用到通信中了，所以它向我们揭示，整个世界从根基处看来是一种非线性类型的，并非点对点地因果效应传递。爱因斯坦对此特别不满意，觉得这种"幽灵式的超距作用"只是我们认识的缺陷所导致的，将来如果发现了统一场论，将相对论和量子力学统一起来，就能去除这些不确定性。但这一轮的新进展确认，原本的世界，也就是最基本的量子世界，恰恰就是那样的；到了我们要服从因果规律的、西方传统的形式化理性主宰的世界，那恰恰是由原本的量子交叠态世界"塌缩"出来的。为什么？因为我们对量子的观察和不利的"噪杂"物理环境，会干扰量子的原本状态，使之塌缩。但是这种量子交叠态在有些缝隙中会显露出来，新的研究正在展示这些"不可思议"。所以现在量子力学正在向许多领域伸展，从极微观到极宏观的宇宙学，又用于理解生命，当然现在就用它来理解心灵的异常现象可能还有一定的问题，这要等它更成熟之后，才能讲得更好。人工智能是类似的一种思想方法，使得我们对世界、对真理有了新的理解。

因此，我对高科技的这一方面不但欣赏，甚至有某种特别的欣喜；因为这些新的进展在摧毁那些带有确定性追求头脑的主流学术界，包括中国的科学、哲学界中的主流思维倾向，向他们证明：你们的思维方式有重大问题。简言之，量子交叠、深度学习等也在以各自的方式判定哪一种思维方式更接近真实，更可能进入未来。

但是在另外一方面，又感到了危机。以前科学和对象化理性只是覆盖确定性的部分，所有非确定性的部分是由人文学科、非对象化的哲理来研究，可现在高科技把手伸进了超逻辑、超线性因果、超确定性的领域中。伽达默尔的著作《真理与方法》，说得是你们的"方法"是线性的、科技的，而我们讨论的是非线性的，在"视域融合"中发生出的"真理"。现在不行了，现在方法逐渐接近甚至开始变成非线性化的真理了。所以看到人工智能的程序现在开始能"思考"、能"学习"了，一方面让我很兴奋，因为我们以前争论的好多问题，现在摆明了谁更可能对；但是另外一方面，它们毕竟是科学和技术，可操控，把那些非线性的东西以某种方式变得可以对象化、操控化，比如量子通信，这只是其中很小的一个，其他还有很多。所以我对它深怀戒心，如果这个东西这么下去，我们就需要忧虑了，这高科技的"座架"变得更聪明，也就意味着它的控制力更大了。

当然也有一些朋友告诉我不必忧虑，我很期望你们是对的，但是到目前为止，这个疑虑还深深地存在。这些高科技不是那么安安心心地为你做事，让你做那些令你更高兴的事；它如果能把那些事都为你做了，会为你做更多的事，它绝不会止于只做一个仆人。我的意思不是说像电影里面演的，机器人造反控制我们人类世界，这个可能性不是太大，而是说它们构造真实的方式使得我们人类深深地依附于它们。我们现在依附于电，以后不止是电的问题，我们对它的依赖性更深，万一它出了问题将给我们带来致命的打击。所以，科技确实像海德格尔讲的：它不是一个中性的工具，任由你来使用，你使用它的时候，也被它使用了。这完全是一个双向的效应。《哈利·波特》里的一条主线就是哈利和伏地魔之间的争斗，也是那个世界里反对依附高科技和完全崇拜高科技之争。实际上伏地魔就是魔法世界里最出色的科学家，创新技术的发明家。他发明了魂器，使他有八条命，他造了六个魂器，自己这个躯体死了，只要有任何魂器存在，他都能够再生出来。但是他无意间又造了一个魂器就是哈利，他的一点灵魂溅在婴儿时的哈利身上，最后当然还有他本身的一条命，一共是八条命。这里面的争斗是，伏地魔追求永生，哈利则捍卫我们做人的生死权利，我们应该有死，才会有生，才会有亲人关系和代际时间，才能保住我们的人性。所以这整套书，其实是非常深刻的，其中一条主线就是有死还是永生。我们现在听到有关人类寿命大大延长的议论，按照这个说法，现在的年轻人可以赶上它，当然非常富裕、有权力和幸运的人肯定可以赶上。你们可以活200岁，我们只能在100岁以前或者更短。所以，这里面给我们暗示的东西已经让我觉得非常矛盾。

第三，无限制的高科技为什么会威胁儒家？儒家的根在哪里？

儒家的根源是前文明的人类文化，而现在其他有世界性影响的大宗教都是文明出现后思维方式的产物。前文明的时代实际上是以打猎和采集为主的，最新发现已经延伸到30万年前了，以前说是15万到20万年，而我们才有一万年不到的文明史。我们的生理和心理特征，按最保守的估计，也是在四万年前所谓技术大爆炸的时代形成的。那时人类开始能在山洞里画画，做鱼钩、弓箭等，人类学家认为那是一次技术大爆炸，那以后我们的生理和心理就没有任何实质性的变化了。儒家跟那个时代的人有什么关系？关系太密切了，我认为儒家接受了那个时代人类中普遍流行的文化和价值观。那个时代最大的特征就是家文化，亲人关系几乎是唯一的社会关系，整个家庭、家族、氏族、部落，以及后来的部落联盟，再扩大联合才逐渐产生国家；但是在产生国家和文明之前，在人类百分之九十的历史中，我们的人性被孕育和塑造出来，这还没有考虑现代智人之前的人类史。简单地说就是，儒家把这个悠久的家文化、亲情，当成我们生活的意义、我们道德的来源，甚至国家的合法性来源都归为"家"，这在世界大宗教和大思想中是极其罕见的，好像是特别反动和落后的，因为把文明前那个主导东西接到文明后。但华夏文明和广义儒家不只是接受家文化，而且对它做了几次改进，到西周已经是很晚近的一次，到孔子手上又进行了一次，改造成能够适应农业社会的一种新的思想和价值系统，改造得很成功，曾经帮助中国文明不间断地延续，超出了任何古代文明，但是面对西方的、现代化的这一整套，却特别不适应，这是另外一个故事。我认为高科技和儒家的关系既有启发我们的一面，尤其是最新发展出来的科技，横向的、网络的、非确定性的，但是还有另一面。这么好的新技术、新思维，关键是它们还是可控制的，也可以用它们来控制人，所以其中的危险是很深的，一般的科技乐观主义没有把我完全说服。

道家和儒家在这一方面是共享的，对于高科技一直有深深的怀疑。有人追问我们中华文明为什么没有发展出现代科技？其实从读儒家文献、道家文献中，你就会知道那肯定不会发展出来，因为她们有意识地抵制"机械"和"器物"崇拜。她们要发展的是"最适技术"。我一直提议儒家只能用最适技术，而不应该追求高科技。高科技给我们启发，其中按儒家原则，可用的我们可以吸收，但绝不能照单全收。使用农机、电视，就已经开始削弱家人关系，汽车、手机、电脑已经开始摧残家人关系；大型能源网、化工生产和全球化商业等在破坏人与自然的关系；而尖端武器的开发和使用它们的战争，会毁灭文明，甚至人类。我现在也通过视频与家人交流，这好像是在加强家庭关系，问题是这种加强里面是不是也有削弱，所以这个可以再讨论。最恐惧的就是正在到来的生物和信息高科技，要对人类躯体和心智直接改造、升级，让我们不再需要夫妻关系、家庭生育结构，现行人类成了落后物种，新新人种成了超人或柏拉图理想国的高科技版。到那时，儒家便没有希望了，只是一个博物馆里面的遗迹了。

第四，也是最后一个讨论点，如何应对高科技对人类造成的威胁？

简单一句话，就是应该以一种质的多样性来应对。高科技本身挡不住，人类从根本上就是技术性的存在者，而高科技被当今最强大的舆论和势力护持着，被追求力量和财富的热望鼓动着，其势不可挡。但是我认为最关键的是，我们要认识这种高科技的本质，看出它启发人的一面和威胁人的一面。因此不能被高科技绑架，认为高科技有天然的合理性，它发展出来的新东西能够赚大钱，能让生活精彩，能增强军力，所以就笃信高科技是第一生产力（这在今天是事实），是硬道理，非完全跟它走不可。如此就完全被绑架了，对儒家、对人性都是极其危险的。

所以，我们应该对科技有选择力。靠什么来选择呢？还是要以家为根，以亲情、孝悌为基准，这个是我们这种人类天然发生出来的，有它天然的良知、良能和合理性在里面。以这个为出发点，再通过自觉的儒家提升、教化，我们就有可能对高科技具有选择力，尤其是儒家还可以有自己的社团生活，大家一起来寻求更健全的生活形态。我知道个人很难在现实中对抗高科技，但是我们不能在思想上被完全驯化，而是应该以团体、独立社区的方式，来选择和实现最适技术。

这马上涉及一个问题，什么叫最适？实际上就是什么是最好、最佳、最善。古希腊人一直都要探讨它，尤其是在构建理想国的时候，一定要想清楚善是什么，然后哲学家才能按照善的标准构建一个人世间的理想国。我认为这是一个非常深刻的问题，还涉及我们按照一种什么样的标准来改造人类。改造人类我们说了上千年了，儒家的教化也是一种改造人类，但是那种改造和高科技的改造是很不同的。这也同样要涉及如何理解善。我的理解就和柏拉图的甚至《正义论》的那些都不一样，正义也是善的一种。今天我吸收大家形成共识的地方，就是善是不能够被标准化、一体化、总体化、可操纵化的，而这恰恰意味着古代东方或者印度和华夏人的智慧，就是终极的实在和真理不可在任何意义上被对象化，形成可遵守的标准。"梵"不是任何可被规定者，是超"名相"者，但却是万物的源头；"道可道，非常道""［孔］子不言性与天道"；也就是说，最根本、最高级的东西，不可被井井有条地表述为规则、理念、标准，一旦表述出来就不是最高的善了。要不然，人家就可以按照这个最高标准来改造世界，甚至最后改造人类。它不只是一种东方神秘主义，它的深意互联网也可为我们揭示出来，哪怕只是一部分。在最要害处，总有一些让线性思维失控的东西涌现，而整个现代社会，也是一个让规划者失控的社会。所以我理解的所谓好、善，不能看作一种规律或一种特性。比如长寿好吗？有规律、懂得关心人好吗？当然好，问题是再延伸，把它完全规则化，无限目标化，把人改造成一个完全守规矩的存在者，这就好吗？

因此，我认为"善"或者"好"从根本上是"有时"的，就是必有当场发生和构成自身的维度。如果认为它超出了时空，成为一个普遍性的标准，按照它去改造世界、改造人类、改造生命，或者构建一个星外文明，我认为这就不是真正的善，善一定有原时间、原空间。所以这也涉及"孤舟"的问题。我们只有一个地球，现在西方人或崇拜高科技的人，不甘心只有一个地球，现代科技一定要寻找星外适合人类居住的地方。但是，我认为我们对这个生态环境已经最适应，冒极大风险去建立地外殖民，那里的存活概率比在这里要小不知多少倍吧。

我认为善既然有时，那么就要在实际生活中被发生出来，所以必须有生死，有父母对子女的生育，也就是有亲情和代际生存时间流。不能一个人活500年，1000年，没有新生。新生本身不只涉及人口问题，还涉及人类意识的形成和生存本身的结构。所以哈利是对的，不能让伏地魔这种人控制世界，不只是因为他们残忍，而是他们创造和把持了永生；所以一定要除掉伏地魔，释放出生命之流，这个世界才不是少数人凭高科技控制的世界。

真正的善还有一个条件，就是一定要有美感。这是很古典的说法，真善美统一。但是我发现越到关键处和问题的尖锐处，我们人类可体验到的那种自由美感就越重要。我们认同的善不能直接地、确定地说出来，那么如何非线性地规范人的未来社会、技术选择和儒家文明呢？这的确是可能的。你被一个人吸引，却说不清为什么，但这并不妨碍你以他或她为榜样，改变自己的生活。我认为，有美感和没有美感，确实很不一样，美感从根本上扶持着至善。实际上，我很喜欢柏拉图对美感经验的描述。他说美神是最娇嫩的，只能在非对象化的柔软存在（即敏感的心灵）上驻足，如果有任何规定性的东西，她就躲避了，那东西也就马上不美了。因此美感特别适合非确定性又是收敛的喷发的善经验，把善托浮到一个原真的境地。所以我觉得善必有时和美，未来我们选择技术的时候是有依据的。

（本文系作者2017年在"儒家论题与人工智能"座谈会上的发言）

走向思的源头

1996年北京大学宗教学系成立时,当时的北大学生陈岸瑛、周濂与作者进行了一场对话,从宗教学系的成立谈到作者从事学术研究的历程,再从海德格尔谈到中国哲学,至今读来仍颇有借鉴意义。

问:宗教学系的成立,对于哲学系是一件大事。首先请您谈谈自己的看法。

答:宗教学系的成立,可以说是一举多得。第一,宗教本来就是应当研究的;第二,宗教学系的成立,有利于国际交流;第三,它能够帮助我们开阔哲学研究的视野。过去,我们的哲学常常纠缠于概念,与人生联系不紧密。当今社会,人们开始关注宗教或以任何其他形式出现的宗教,哲学若不对某些终极的问题予以关注,就会缺乏生命力。

问:请问您为什么要选择哲学?

答:一开始,我对文学比较感兴趣,俄、欧小说,托尔斯泰、陀思妥耶夫斯基、罗曼·罗兰、雨果、普希金等,它们都对我产生了很大的影响。不过,在我的性格里,有一种刨根问底的倾向。这些小说很感人,也不乏深刻,但回答不了最终极的问题。人生的意义何在?文学无法彻底帮助我去解答。我想,有很多年轻人都是由文学转入哲学的。

问:确实如此。

答:那时,我在农村租了一间小屋。特别幸运,也特别令人难忘的是相识了贺麟先生。老先生当时的"政治问题"还没有完全解决,赋闲在家,我经常去拜访他。老先生讲起哲学来神采飞扬,完全投入,一次竟忘了一个约会,令师母十分生气。

我看的第一本哲学书,是贺先生翻译的斯宾诺莎的《伦理学》。我那时是第一次接触哲学，如获至宝地拿回家看，但开始时并不十分懂。那时纯粹出于一种对自己人生的关切来读书，不像现在的学生受到系统化的教育。《伦理学》里讲到了神，使我感受到某种关怀，某种光亮，这种光亮不仅是理智上的，这是一种照亮人生的光。而且斯宾诺莎与道家是相近的，这一点贺先生也讲到过。

对于我而言，理性的光与照亮人生的光，二者都是我需要的。在走向思的道路上，与贺先生的相遇真是极重要的机缘！

问：您是在哪年考入北京大学的？

答：1978年初，也就是恢复高考后第一批，所谓的77级。

问：进校后与贺先生来往多吗？

答：有较多来往，但后来事情越来越多，相对而言次数少了。我对贺先生始终抱着一种深深的崇敬与感激之情。后来去美国念书，与贺先生的母校相隔不远，我还专程去拜访过。

问：张老师，那您是什么时候去美国的呢？

答：那是在毕业之后。当时我从根上倾向于道家，毕业后一心想去过山居生活。先是找到林业局，后来又去环保局，好不容易才让我去自然保护处。本以为可以去自然保护区，但主要是坐办公室。这与我的天性相抵牾，后来便调到了北京市社科院哲学研究所。三年后，考托福留美，到俄亥俄州念书。在美国先念硕士，后读博士，各方面收获都很大。那是一个学术活跃的环境。

20世纪80年代中期，我到美国去读研究生。这是一段充满了挑战、困惑，也充满了机会和新鲜感的生活。我用西方语言学了西方的形而上学、逻辑、伦理学、印度思想、中国思想、现象学、分析哲学、科学哲学等。对于人生的感受，我与写《瓦尔登湖》一书的梭罗接近；在思想上，则是维特根斯坦和海德格尔最令我关注。维特根斯坦的敏锐批评抽空了传统西方哲学的基底，海德格尔则以一种既简朴又深沉的方式开示出一个前所未闻的思想境域，对于那些不满意概念方法而又不愿放弃思想追究的人有莫大的吸引力。

不用概念方式，如何切近中国的天道思想，我带着这个问题来到了美国。学习十分紧张，从早到晚。两年硕士，三年半博士，一共待了六年。

问：您的专业是什么？

答：东西方比较哲学。美国的硕士生不像中国这样划分明确的专业，大家都在一个系里，选课是自由的，结合学生的志趣，老师会给予一定的指导。

问：您做了什么论文呢？

答：硕士论文做的是《海德格尔与佛、道在语言与实在关系上的论点》，博士论文则是《海德格尔与道家》。我的硕士导师是一位印度人，通过他，我更深地了解了印度的思想。

问：您最近要出版一本书，《海德格尔思想与中国天道》，可以简要介绍一下它的内容吗？

答：我在前面也说过，我去美国是带着一个问题去的，即如何用非概念的方式重新理解我们古老的哲学传统，如何打通哲学与人生。现象学，尤其是海德格尔，恰好为我提供了方法。通过海德格尔的思想，去阅读中国先秦的典籍，你会发现许多原先看不到的东西，与现行的治中国哲学的路数相比较，更能看出其精妙几微处，更能品出鲜活的味道。现在这本书是博士论文的改写，实际上是重写，原先的学院气太重，无法充分融通自己的体会。对东方部分我又做了新的研究，还加入了对海德格尔早期宗教现象学观的分析，特别是揭示他的"形式指引"或"形式显示"的独特方法……

如何找到理解中国古代思想的合适道路？这首先要求在方法论上要有大的革新，要冲破传统概念化的思维方式。不然就是方枘圆凿，终究不合适。例如，把道解释为实体、规律，对老子是唯物主义者还是唯心主义者的争论。

我的这本书的副标题是"终极视域的开启与交融"，这意味着我将不用西方传统概念论来切割先秦人对终极问题的运思。康德、维特根斯坦都有关于"象"的思想。海德格尔特别注重康德论及的"想象力"，康德感到了先验想象力的中心地位对于他的仍然囿于传统主体观的批判哲学系统的威胁，便往后"退缩"，而海德格尔则由此前进。海德格尔是从西方千年的哲学传统中一步一步艰辛地走出来的，他把思推向了尽头。尽管他的说话方式仍显得笨重，但已经把西方思想推到了大海边，与中国古老的妙道隔海相望。或者用一句古诗来说,"隔水问樵夫",双方的声音互相都能听见了。海德格尔的方法是境域构成式的。先秦的道、天、人,本不是作为概念的、现成的抽象东西来把握的,天道与人生活生生地相互构成着,天在最终极的意义上不是人格神,而是时机化的开显。天道恰恰是在这"瞻前忽后"之中发生的,充满了领会契机和灵验的境域,这被儒家称之为"中庸"或"中和"。这一点上,道与儒在骨子里是相通的,得道之人就处于"与时俱化"的天机发动之中。我年轻时偏激,以老庄反孔子,殊不知《论语》中处处透露出这种生龙活虎的精神。孔子教学生也很懂得把握时机,"不愤不启,不悱不发",也懂得如何开启意境,把学生带入境中。此处,还通过诗来造境。有许多现代人批评孔子歪曲了诗经的原义,他们没有看到,孔子及其弟子引用诗,看重的不是诗所指的对象,而是借诗境来揭示"无邪"之思。这使人想到海德格尔的"形式指引"。言论、诗,本身就参与到境域构成之中,而道境本身就是解释性的,载有阴阳消息,能够表达出来。不过,这种语言绝不是工具性、对象性的语言。

问:五四以来占思想界统治地位的,一直是西方传统的概念哲学。

答:海德格尔和维特根斯坦已从根本上突破了西方思维的大框架,在方法论上已昭示出中西方良性对话的可能。不过,现代西方哲学的教训与成果,远远没有被人消化,西方学界按老路数做学问的大有人在,汉语界研究哲学也极受传统西方套路的影响。

问:在您看来,未来中国哲学的出路何在?

答:我认为首先应当做方法论上的反思,看看老方法是否在治中哲上带来了满意的结果。其次,应总结五四以来老一辈学者的经验与教训,看看他们在方法上有哪些突破,又有哪些不足。贺先生就曾写过一篇关于宋儒直觉法的文章,据他说是用心力最大的一篇。这是开辟新路的一次努力。我们这一代学人,应做得更彻底,要注意吸取现代西方哲学在方法上的革命成果。如今,中西方思想已然开始更有效的对话,可是中国学界迄今为止还对此认识不够。要努力开辟出更合宜的言谈情境,所谓"酒逢知己千杯少,话不投机半句多",交朋友要投缘,文化交流也是如此。

中国历史上有过许多文化交流,但失败的多,成功的少。佛教入中土,最成功的也只有般若、中观学。为什么?就是因为和中国人的心性有缘。

有不相同又有契合点，和而不同，这样才有沟通的可能。比较流行的方式是用西方的形式吸收、同化中国材料，这是一种形而上学的做法。和而不同，才能生出新的东西，佛教与儒道的有效对话，产生出禅宗。禅宗是中国人能心领神会的东西。

问：海德格尔身上带有整个的西方传统，与中国人的对话也许并非易事。

答：所以我们要力求做到知己知彼，还要弄清楚彼我之间有何关系。在阅读过程中，带有活生生体验的对话势态已然形成，这确是一种交流，不是谁征服谁的问题。概念化的思维，其本性就是要切割、要抽象，西方人传统的框架体系，容纳不了中国思想的精妙处。海德格尔的思想是引发式的，不是传统意义上的按照某种格式的思想操作，而是去蔽显真的方法。他的思想方式改善了中西对话的形势。实际上，海德格尔本人就深受道家吸引。作为一个中国人，我所看到的海德格尔肯定与西方人是不一样的。对话对双方都有好处，只要方式恰当，在对话中我们并不会自失。实际上，我们已有了一种中国人的视野，这并不妨碍我们尽量正确地引述海德格尔的思想，更不妨碍我们的理解。总而言之，关键在于把思想走到底。

如今的学者研究的文化哲学比较往往流于肤浅，例如，区分出"可说"与"不可说"，个人本位与社会本位，天人对立与天人合一，直觉与理性……终日言说不曾言说，迄今为止，这些沸沸扬扬的文化比较的前提依然是晦暗不明的。

问：国内有一位学者认为，基督教完全可以走入中国，因为它是十字架上的真理，是不分国界与民族的。他还认为，基督教信仰对人生苦难的关怀远远胜过强调生命自然的儒道思想。请问您对基督教在中国的前景有何看法？

答：哲学与宗教不是中国原有的词，在古代中国的传统中，它们二者的差别十分微弱。道教可能与道家相差较大，但道教真正推崇的"神学"思想依然不逃老庄的哲学。儒家与儒教的差别就更小了。而在西方传统中，神学与哲学就不是一回事。

在美国念书时，我主动接触过基督教团体，参加读经班，去教堂，体味其乐教与礼仪蕴含的意义。基督教与人的生活紧密相连，教友间有着浓浓的兄弟情谊，如此等等，都给我留下了深刻印象。不过，我始终不是一个基督徒，因为我难以融入教会团体。美国人的生活虽然生动活泼，但那层隔膜是无法打消的。

基督教要想在中国扎根，（像佛教那样）成为汉语基督教，其难度与佛教一样，甚至更大。信仰，是一个民族中最坚硬的部分。基督教若想进入中国，必须自身有所改变。现代神学以新的方式理解上帝，这使得中西对话的可能性出现了。海德格尔对现代神学的影响是巨大的，如布尔特曼、蒂利希、云格尔等人的神学，他们对传统的形而上学有较大突破。现代神学所取得的进步成果，我们应充分吸收、借鉴。宗教交流应进入"和"的状态。

问：您往往是以先秦诸子的典籍为立足点的，但问题在于，这些典籍所构成的解读史，属于士大夫的雅文化，而更广阔的俗文化或许对于中国的历史未来更有影响力。您怎么看待这个问题？

答：俗雅文化的这种划分法，并不是十分确切。假如一定要这么讲，那么我要说，在中国，雅俗的区分不如其他文化那么大，例如印度的种姓制度，雅俗就有严格的界线。道家的雅俗差异甚小，至于儒家，大家都可以读书取仕，彼此之间并没有绝对的差别。我个人较喜欢俗文化，例如民歌，土生土长、流传广远的民歌往往反映了一种更本原的东西。古代的诗经，就收有民间的歌。风是活生生的生活境域的显露，因此天子观风，就能知晓天下的动态。天子派官采风，这在别国是没有的，它受到一种天道观的支配，是极其精微高明的。现代人往往根据情报、民意测验等方法来观天下，周天子却根据风。风，具有原本的普遍性含义，首先抓住的是实际生活（早期海德格尔术语），而非现成化的主客体世界。李白正是吸收了民歌，他的诗才那么明快，那么打动人心，心性都自然流露出来。俗云时势造英雄，正是中国人的真理观。真英雄懂得什么叫时机、天机，不懂这个，任你成就何等功业，大家也不认为你是真的英雄。

先秦气象是含有这个根本识度的，先秦之后，儒道文化就其思想而言趋于衰败。孔子讲"好德如好色""《诗》三百，一言以蔽之，曰思无邪"；后世儒家哪有这么挥洒自如的？情不自禁才叫真正的德，是以德配天的德。所谓天时，应理解为时机化而不只是四季轮回，才能贴切地领悟孔、老、庄、韩、孙、范这些有道性的人的话。他们都是不离日常人生来悟道的。

中国古老的思想，是一只凤凰，不能关在概念思维的铁笼子里，而要让她自由地飞起来，同时又要有所收拢、敛聚，让她保持在思的境域中。

问：顺便问一句，您偏爱哪个地域的文化？

答：我更偏向于北方文化。荒凉的秃山，旷漠的黄土，它们特别能激发人的情感。南方的山，如黄山，当然是美不胜收了，但我的大部分时间是在北方度过的。美国的山十分美丽，但很少有使我动真情的。我回国，就像陶渊明所说的那样，是鱼儿思故渊。我骨子里受道家影响深，是个懒散的人，回国只为图个自在。我佩服那些立志在美国打天下的英雄儿女，但我自己做不到。美国的物质条件十分优越，但那里适合于我的水太浅，不能得鱼之乐。

问：记得您曾赞叹古人"骑上马能打仗，下得马来能做文章"，过着一种生龙活虎的生活。

答：做学问要走到终极处，才能真性流露，现代人怎么在体制化的刀枪剑林里找到天性自由？这是一个大问题。

问：所谓小隐于野，中隐于市，大隐于朝，也许自由与体制并不矛盾。

答：我还没有达到这种境界，"好德如好色""发而皆中节"，孔子的境界一般人很难达到。

问：有人把中庸的"庸"训为"用"，您是取哪种解释？

答：庄子就是训"用"。这样理解是可以的。我个人把"中"理解为动词，理解为"发而皆中节""诚者不勉而中"的"时中"。时中也就是对时机的切中与把握。时中是一种纯构成（境域的当下构成）。"仁"对孔子而言主要不是指一种道德品质，而是根本的思想方式或对待终极实在的态度。"能近取譬，可谓仁之方也已。"所谓"能近取譬"是说人无现成的自性，但也并非全由外铄而定，只有通过"取譬"（交往折射）而成立。而且，只有能返身（"近"）的取譬才合乎人的本性，也即仁。仁只是一个人与人相互对待、相互造就的构成原则和中庸（用）原则，是一种看待人的天性的纯境域方式。仁道与天道是相互贯通的，得仁就是知天，行仁道就是知天道。孔子学说的一大特点就是通过技艺（六艺）来缘发式地格物致知，孔子本人的"学"和启发学生的"诲"的全部神髓都在将那些出神入化的艺境转化为人的根本思想方式（仁）和时中的行为方式。

问：请问现象学研究方法可能受到的挑战是什么？

答：狭义的现象学，从胡塞尔创始起就受到了多方的责难。胡塞尔在突破传统哲学方面，取得了很大成就，但仍受制于传统主客分离的大框架，这使他的研究动摇于新旧之间，他的著作充满着断裂与晦涩的地方。胡塞尔受到的挑战，其中有些是难以回应的，起码就其《观念Ⅰ》阶段的学说是如此。

新康德主义者那托普对现象学的挑战是有力的，他认为胡塞尔的现象学面临着两个困难：一是现象学的反思一定会"停止住经验流"，从而使那被反思到的不再是原初经验；二是任何对经验的描述都是一种普遍化、概念化和抽象化，因而使所表达者不可能是原初经验的"事情本身"。推究到底，这两条反对理由是对古往今来一切想理解和表达动态的终极实在企图的挑战。早期的海德格尔从师兄拉斯克那里受到启发，用"形式指引"的方法论有效地回应了这个挑战。

分析哲学家、狄尔泰的现代追随者们，以及解构主义者，据我所知，迄今为止对海德格尔提出的批评都未到点子上，或者说不能构成对海德格尔现象学的根本性威胁。德里达的书我读得不多，我只谈谈我个人的感受，我认为他对海德格尔的批评是外行的。如何正确地理解海德格尔是一个关键。《存在与时间》是本既无开头又无结尾的书，实际上，它的开头要回溯到更前面的研究。必须走到《存在与时间》之前，我们才能更全面地理解海德格尔。克兹尔的《海德格尔〈存在与时间〉的起源》一书给我很大的启发，后来我阅读了《海德格尔全集》的第五十六卷至第六十一卷，其中有1919年以后的讲课手稿，在那里，海德格尔指出人的实际生活体验是一切哲学的源头。当然，要指出这一点并不困难，关键要看实际生活体验与哲学之间的中间环节是什么。海德格尔指出，实际生活本身就有一种本源的而且非概念化的表达方式，即形式指引或称形式显示。形式指引论在《存在与时间》中看不到，但左右着《存在与时间》的思路与走向。

问：您能把"形式指引"说得更具体一些吗？

答：前面提到过那托普的两大反驳。首先是第一条，海德格尔说"不"！不是反思的意识在先，而是前理论的理解在先。例如，挥舞铁锤已有前概念理解在其中了，这是一种对势态境域的认知。其次是第二条，有一种表达既不是普遍化的，又不仅仅是形式化的，它表现出生活体验本身的趋向关系或投射关系，即形式指引。形式指引的语言不是用来诉说任何先入为主的定见，而是去揭示生活本身的趋向关系。这些形式并不干涉和停止原初经验，而只是指出这经验本身已有的东西，比如一种领会的趋向。

所谓的普遍化的概念形成方式，在传统哲学里十分常见，普遍化意味着从低级的种或属上升到更一般的和更抽象的属和类，比如从"红"到"颜色"、从"颜色"到"感觉性质"，从而形成有等级的概念系列。海德格尔认为，这种依靠某一对象领域的普遍化到一定程度就会被形式化打断。比如从"感觉性质"到"性质"或"本质"，或从"本质"到"对象性"（即站在对面），就已是一种形式化而不是普遍化了。这样一种形式表述不是由"什么"，而是由关系姿态的"怎么"和"如何"决定的。如果我们连这种形式化本身所规范出来的形式领域，比如数学运算涉及的形式存在论范畴也不考虑，而只关注这形式化中的"关系的方面"或"关系的含义"，那么在我们的经验视野中出现的就是"形式指引"。它不再是某种抽象化了的什么或现成者，而是一种对一切现成者都无差别的、虚的、含有构成趋势的、只在其"关系"的"实现"中获得语境含义的纯意义和"是"本身。后来的《存在与时间》中充满了这类"因缘"词或关系趋向词。

问：能举几个例子吗？举几个形式指引词。

答：比如 Umwelt，德文里原指"环境"，海德格尔把它点化成了关系趋向词或因缘词。单独的 welt 可能含有对象思维或表象思维在内，加上一个表关系的前缀就不同了。又如 Womit（所凭）、Wozu（所为）、Woher（所来）、Wohin（所往）、Mitsein（共在）、Zusein（去在）、Dasein（缘在）、In-Sein（在其中）、In-der-Welt-sein（在世之中）……海德格尔充分利用了德语的造词功能和因缘网络，要理解他所用的这些词，除了要有语言的敏感性以外，更重要的是要明白它们在思想上的来源，否则就会面对这些语言游戏望洋兴叹、不知所云。庄子也有语言游戏，这是汉语言意义上的形式指引，化臭腐为神奇，破除对象化的"小言"。在这一点上，庄子比海德格尔更灵活、圆通、游刃有余。

问：在我国近代思想史上，有过关于文学的阶级性与永恒人性的争论，海德格尔对人性的看法，例如缘在的基本生存方式，是不是也存在着"永恒人性"的嫌疑？

答：所谓永恒人性，是一种概念化的表达，海德格尔本人是十分反对的，例如他的《关于人道主义的信》。海德格尔一再提醒人们回到实际生活本身。

问：那么人类学是否对海德格尔构成了挑战？

答：人类学是现代思想的一大成果，舍勒就贯通了人类学与现象学。人类学的视野是广阔的，但它使用的仍然是自然科学的方法，这决定了它的性质，人类学眼中的人类史，并不是如现象学一样是从视域构成的角度去看待的。现象学的识度，要求我们不要头一步就跨入实证领域，经验方法、科学方法永远看到的是个别的存在者或普遍的规律，总有些关键的东西是它们所看不见的、要漏掉的。比如"风""气象"，人类学难以说清楚其中的精妙之处。

问：人类学在法国极大地影响了结构主义的兴起，结构主义对海德格尔的挑战是决定性的吗？

答：我认为结构主义对海德格尔现象学的挑战不是根本性的。海德格尔的魅力，就在于他要走到尽头，当走到山穷水尽的地方，光亮和意义以及产生意义的天然结构便呈现了出来。维特根斯坦也是如此，不过他的许多说法还太笨重。终极处的气象是不一样的，例如黄河的源头，得天地之灵。中国古人对终极也相当敏感。

问：在萨特的身上，文学与哲学联系得十分紧密。我个人十分喜爱萨特，不知您对他有何评价？

答：萨特总体来说是一位天才的思想家。在美国，我专门选修了萨特哲学的课，令人十分心动。《存在与虚无》中关于咖啡馆找人、调情的描写与分析是十分成功的，展示人自无中生有的缘起性，深得现象学的三味。可是，后来读了海德格尔的书，才知道萨特的东西不能算很新鲜。萨特对境域的体会还不够深，其文学作品中破碎、断裂和不成境的地方有很多。荷尔德林则写出了诗境充盈的极品，在那里面可以找到与形式指引相通的文字，能写出这种作品的人真是了不起。如果说在萨特那里还有理性与非理性的裂缝，海德格尔则已超出了理性与非理性的区分。

问：萨特吸引人的地方，还主要在于他传奇般的人生经历。萨特的生活过得相当充实，生龙活虎。您不这么认为吗？

答：假如他能对境域构成有更深的体会，便是一个极完美的人了。

问：这可能与他的时代以及他身上强烈的时代性与现代性有关。下面想请您谈一谈中国现象学的研究状况。

答：现在有一个现象学学会，起到了国内、国际学术交流的作用，但这只是一个开头。我们系在现象学研究方面，有靳希平、王炜、陈嘉映、杜小真等，做了翻译、解释、传播的工作。

问：如何能更好地在中国发展现象学呢？

答：除了翻译、解释以外，还要开展比较性研究，形成中西对话的形势，并且把现象学方法推广到众多领域中去，普及开去，让人用得方便。在西方，现象学方法已进入建筑学领域，甚至在社会调查方面也能发挥作用，受过现象学训练的人，能看见常人看不到的东西。现象学恰恰就在于它不拘一格的"捕风捉影"或领会非现成者的能力。

问：您能对学习现象学提供一些建议吗？

答：首先要读完最基本的著作，胡塞尔的书虽然晦涩，也必须去读。经过一段时间后，要能比较稳健地把握住整套现象学的方法，进入一种稳定的"观纯象"而非仅仅"观对象"的状态。我打太极拳，多少年过去了，才摸到一些门道。学习现象学也是这样，先要严格地打好基本功，有朝一日才能融会贯通，得其大体。

（原载于1996年北京大学《学园》第4期）

ISBN 978-7-5488-4909-4

定价：59.00元